U0381668

加速！

清洁能源技术的超有趣指南

清华四川能源互联网研究院
New Energy Nexus 译

[美] 瑞恩·库什纳 （RYAN KUSHNER）著

图书在版编目（CIP）数据

加速！清洁能源技术的超有趣指南 /（美）瑞恩 • 库什纳（Ryan Kushner）著；清华四川能源互联网研究院，新能源创新平台译 . — 北京：中国电力出版社，2019.5

ISBN 978-7-5198-3252-0

Ⅰ . ①加… Ⅱ . ①瑞… ②清… ③新… Ⅲ . ①无污染能源－指南 Ⅳ . ① X382-62

中国版本图书馆 CIP 数据核字（2019）第 101069 号

英文第一版 2018 年 7 月

New Energy Nexus Publishing is an imprint of California Clean Energy Fund Innovations Okaland California

ISBN-13: 978-1723026706

ISBN-10: 1723026700

书籍设计及插图：上海棱奥企业管理咨询有限公司（Less Ordinary）

出版发行：中国电力出版社	印　　刷：北京博海升彩色印刷有限公司
地　　址：北京市东城区北京站西街 19 号	版　　次：2019 年 5 月第一版
邮政编码：100005	印　　次：2019 年 5 月北京第一次印刷
网　　址：http://www.cepp.sgcc.com.cn	开　　本：889 毫米 ×1194 毫米　20 开本
责任编辑：高　芬（010-63412717）	印　　张：14.25
责任校对：黄　蓓　常燕昆	字　　数：310 千字
装帧设计：赵姗姗	印　　数：0001—3000 册
责任印制：石　雷	定　　价：120.00 元

编 译 组

清华四川能源互联网研究院
New Energy Nexus
联合翻译

作者：瑞恩·库什纳（Ryan Kushner）

前言：丹尼·肯尼迪（Danny Kennedy）

译者：庞庆国、陆忆晨、张庆秋、张小卉（排名不分先后）

献　词

致：小卡山伟华（Ken Saro-Wiwa Jr.）

向小卡山伟华致以最崇高的敬意。他一生都生活在其父——伟人卡山伟华的阴影之下，最后心碎而死。他的父亲因为反对化石燃料，触动了领域内相关大鳄的利益而被杀害。

小卡山伟华奋斗一生，在生命的最后几年仍然支持和孵化为尼日利亚普及清洁能源而努力的初创企业。他希望通过建立连接内外丰富资源的加速器，将尼日尔三角洲地区清洁能源的应用带入快车道，尽快实现地区内全民使用清洁能源的目标。

致　谢

感谢为《加速！清洁能源技术的超有趣指南》提供帮助的赞助商

加州清洁能源基金会（California Clean Energy Fund）
亚洲开发银行（Asia Development Bank）
世界自然基金会（World Wildlife Foundation for Nature）

感谢为本书之付梓做出贡献的：

阿曼达·乔伊·拉文希尔，简·桑德兰，朱迪斯·希尔，丹尼尔·赫尔松，金·李，凯特·马纳拉克，纳什米·巴林，贾斯汀·罗森斯坦，保罗·奥兰多，蒂姆·韦斯特，斯塔莲·沙玛，尼尔·古伦弗勒，亚当·斯迈利·博斯沃斯基，卢佩西·马德拉尼，武文娟女士，李霄松先生，梅根·荷斯坦，雷纳托·加利，什尔·莫诺特，艾敦·阿贝尔勒斯，赫尔穆特·赫尔佐格，弗雷克·毕斯乔普，詹姆斯·蒂尔伯里，约瑟夫·西尔弗，劳拉·埃里克森弗，兰齐斯卡·斯坦纳，昆瑙·阿帕德海耶，凯文·布雷思韦特，特雷弗·汤森德，格雷格·萨德尔，肖恩·穆尔黑德，保罗·豪伊，道恩·利珀特，凯西·芬顿，谢莉·皮特曼，安吉拉·李，娜塔莉·莫利纳·尼诺，杰弗里·戈德史密斯，薇琪·桑德斯，桑德拉·郭，斯蒂芬·亨宁森，茱莉亚·派珀，香农·胡德，拉詹·卡斯提，瑞恩·瓦尔特纳，克里斯多夫·约翰逊，帕特丽夏·金－斯威尼，张天隆，詹姆斯·帕尔，马克·希尔伯格，布尚·沙阿，阮田，摩根·贝尔曼，埃里克·马茨纳，约翰·克拉克·米尔斯，艾弗里·肯特，拉姆塞·西格尔，拉米兹·纳姆，利拉·梅隆，亨德里克·提辛嘉，汤姆·池，丹尼·肯尼迪，爱莉丝·程，所罗伯·萨拉夫，杰弗里·查尔

感谢为本书中文版出品做出贡献的机构与个人（排名不分先后）

对外经贸大学绿创中心：武文娟、李霄松
绿色创业汇：葛勇
绿色和平 Powerlab：袁瑛、Tamina
WWF 中国：陈沙沙

可敬的设计团队：

上海棱奥企业管理咨询有限公司（Less Ordinary Ltd. | lessordinary.io）
林昂、孙弘鹤、颜方怡、吕璐婧、曾婕

New Energy Nexus 社群团队：

Ameren Accelerator,Austin Technology Incubator (ATI),Caribbean Climate Innovation Center (CCIC),Cascadia Cleantech,Clean Energy Business Incubator Program,Clean Energy Trust,CLT Joules Accelerator,Coalition Energy,Elemental Excelerator,Foresight Cleantech Accelerator Centre,GCIP Cleantech Open/UNIDO,Greentown Labs,Innosphere,Innovate Calgary - Kinetica,LACI,MaRS Discovery District,MassCEC,Next Energy,Nexus NY,NYC ACRE,Powerhouse,Prospect Silicon Valley,Silicon Climate,Smart Grid Cluster,Turning Tables,Climate KIC,Rockstart,Beta-I,Startupbootcamp-Smart Transportation & Energy,InnoEnergy,Cleantech Scandinavia,Incense Accelerator Spain,Blue Minds Factory,Green Innovations BV,The Green Way,Greenpeace - Powerlab,Tianjin Economic-Technological Development Area (TEDA),Tuspark Ventures,China Impact Ventures,China Cleantech Collaboratory,Institute for Environment and Development,Green Startups,Innovation and Business Incubator Center of Harbin Institute of Technology,Shenzhen Open Innovation Lab,Umore cleantech consulting,Hunan Innovative Low Carbon Center,Center For Green Entrepreneurship (CGE),University of International Business and Economics,Green & Low-carbon Development Foundation,Integrated Innovation Department of Sino-Swiss Zhenjiang Ecological Industrial Park,Terralab ventures,Sangam Ventures,IIM Ahmedabad’s Centre for Innovation Incubation and Entrepreneurship (CIIE),Infuse Ventures,Venture Center,cKinetics Accelerator, YES Scale,Impact Hub Manila,KX Innovation Center Thailand,Vietnam Climate Innovation Center (VCIC),Impact Investment Exchange,PFAN-Asia program,Small World Group,Mekong Business Initiative,Ideaspace,Digitaraya,EnergyLab,Startupbootcamp Energy Australia,South Africa Climate Innovation Center (SACIC),ENventure,Ethiopia Climate Innovation Center (ECIC),South Africa Renewable Energy Business Incubator (SAREBI),Ghana Climate Innovation Center (GCIC),The Egyptian National Cleaner Production Center (ENCPC),Kenya Climate Innovation Center (KCIC),The Innovation Hub,Kenya Climate Ventures,Morocco Climate Innovation Center (MCIC),Building Global Innovators,Launch Alaska,Smart Energy Network

序　一

核心技术及其相关论题是当今世界始终追逐的热点。核心技术的定义是什么？核心技术是如何产生的？需要怎么样的条件才能更好地发展核心科技？这些问题处于技术探讨的核心。

从一般意义上说，核心技术是指具有独特的竞争优势、竞争对手难以模仿、市场前景广阔、能获取丰厚利润的技术，其最主要的特点是：重大价值性、可扩展性和竞争对手难以模仿性。核心技术的进步给企业提供着连续不断的商务机会和市场需求，反过来，现代社会发展带来的市场需求也同样从力度、广度和深度上极大地推动核心技术的进步和创新，并成为很多企业核心竞争力的关键资产。

对于每一位生活在地球上的公民而言，解决环保与能源问题是当代极为迫切的需求。全球仍有 10 亿多人口缺乏基本的能源供给和能源服务，水、电、热、气等日常能源，对于他们而言是一种奢望；而能够获得日常能源保障的人群，却经常呼吸着全球化石能源排放污染的空气，并逐渐意识到人类生存面临冰川不断消融带来的海平面上升与极端气候的威胁。同时，传统化石能源的开发与使用也引发了大量国际政治冲突与流血事件。而清洁能源是指在发电过程中对环境不会造成任何污染的能源，包括风能、太阳能、水能等可再生能源及通过新技术对传统化石能源的再利用等，具有资源潜力大、环境污染低和可持续利用等特点。面对综上种种，清洁能源的发展与应用将成为一条出路。

以中国为例，中国自“十一五”以来，就将清洁能源体系的建立置于国家社会发展的重要规划之中，《BP 世界能源统计年鉴》显示，2016 年全球可再生能源发电（不包括水电）同比增长 14.1%，其中，中国超过美国，已成为全球最大可再生能源生产国。在国家发布的第十三个五年规划（2016 ～ 2020 年）当中明确提出要“建设现代能源体系”，将这五年中国能源行业发展的风向标定位在推动能源结构优化升级，积极构建智慧能源系统。在清洁能源技术不断创新和相关政策不断扶持的大背景之下，清洁能源、现代新能源必将逐步占据能源领域和创新领域中更为重要和核心的部分。

进步与成效固然可贺，但我们依然看到许多问题，如科技人才转化度低下、科技成果应用方向不明、初创公司缺乏专业性指导、境外技术公司跨境合作的顾虑等等。这些问题都指向对于清洁能源产业发展相配套的创新思维、商业模式、软件支持和专业服务的需求。

清洁能源的开发与应用依赖于相关技术的发展与成熟。众多社会学研究表明，核心技术作为一种解决方案，更经常地在鼓励冒险精神的环境中产生；更容易伴随知识交换的过程中产生，也更经常在行业网络中得到促进。换言之，“种子发芽是由于有合适的土壤”，而本书将着力于解读清洁能源技术发展“土壤”的培育，即通过运营清洁能源加速器，加速创新发展，促进清洁能源 / 技术流通、应用。

本书主要包括概念澄清、实例展示和方法论解读三个部分。首先，通过大量研究报告研读、亲身经历分析、归纳澄清“加速器”概念并同时解释说明与“加速器”相关的“成熟阶段”“死亡谷”“供应链建设”“尽职调查”等概念；然后，通过全球众多清洁能源加速器的运营实例和相关成功 / 失败经验，生动展示加速器从业者对于行业的思考与数十年来取得的成效；在此基础上，通过拆分加速器的每一个构成，分析解读每一个元素，整理提出元素建立的相关步骤，力图提供一本详细的加速器运营攻略，完善土壤培育，促进技术发展。

本书的出版，将为清洁能源产业发展提供一些必要的相关参考；激发围绕清洁能源的生产、消费、服务、技术等领域，出现的大批创业企业的活力，做到熊彼特所说的“新的产品、新的工艺、新的市场、新的供应以及新的工业组织”形成一个又一个的“创造性破坏”，即不断地破旧立新。

作为分管清华 X-Lab 和清华经管加速器的清华经管学院副院长，我很高兴地说，本书并不仅仅面向加速器从业者，同时面向传统孵化器运营者、政府决策者、企业、国际组织以及创业人士等。究其原因在于加速器运营的本质是鼓励创新、呵护创新并为创新尽可能地提供条件，包括政策、资金、项目合作等或实体、或虚体的支持。

在当今世界贸易保护主义抬头，技术壁垒摩擦升级的今天，我们很欣喜地看到来自中国的清华四川能源互联网研究院翻译了美国 New Energy Nexus 编辑完成的书籍《加速！》。这是适应全球化潮流发展推动创新创业发展的最佳范例，也是应对全球环境与能源问题的坚实一步。希望本书的推广与发行可以促进国内创新经济体系的优化发展，推动国内加速器运营的前行，为清洁能源技术的发展与应用培育更具营养的土壤。

2019 年 3 月于清华大学经济管理学院

序　二

绿色发展已经成为时代的潮流。推进能源生产和消费转型，构建清洁低碳、安全高效的现代能源体系，是实现绿色发展、构建高质量现代化经济体系的必然要求。

能源领域转型面临着诸多挑战，其中尤为突出的是清洁能源占比较低和关键核心技术相对薄弱。当前，清洁能源已经成为全球能源消费增长的重要力量，2018 年中国清洁能源（包括非化石能源和天然气）占一次能源消费总量比重合计约 22.2%，但与世界平均水平 38% 相比依然存在较大差距，如何提升清洁能源占比是亟待解决的问题。同时，若干能源领域的关键技术（如核心装备制造、关键零部件等）亟待攻克，尤其是随着新一轮科技革命和产业革命的加速兴起，互联网、物联网、大数据、云计算、人工智能等数字化技术也日益融入能源产业，但与世界先进水平相比，我国目前的能源科技创新能力不强，部分核心技术存在受制于人的短板。

上述问题的解决绝不能“闭门造车”，也不应该“固守对抗”，而是需要全人类开放交流、携手共赢。清华四川能源互联网研究院与加州清洁能源基金会出版中文版《加速！》一书就是全球能源行业合作携手的一次很好尝试。《加速！》通过访谈、调查、问卷、数据分析等形式，采访、记录、分析了全球五大洲（亚洲、北美洲、欧洲、大洋洲、非洲）近 40 家加速器（不限于清洁能源加速器）的运营故事。通过信息的收集整理，与读者分享了全球能源行业生态环境的趋势：包括技术热点、如何实现技术创新、清洁能源发展的必要性和局限、市场监管的利弊等。同时也记录了许多失败的经历。现实生活中并非只有成功值得称赞，失败的经历往往可以为众多投入能源转型浪潮中的过热头脑提供冷静思考的机会。书中介绍的加速器，这一新概念、新方法、新机构，被视为连接创新、创意、技术、产品想法与能源市场、政府监管等之间的一座桥梁，它连接两端却不干涉彼此，因此对于技术创新、市场都具有独到但精准的观点，为开放交流的解决能源转型提供了一个新的途径。

我们处于从传统社会走向全面信息社会的大变革时代，商业行为、技术变革、跨行业融合都在发生巨大改变，从工业文明走向信息文明，走向连接一切的智慧世界，希望《加速！》的出版可以为我国能源产业从业者带来一些全新的思考，唯有拥抱变化，才能拥有未来。

未来已经来临，你我让它加速！

孙嘉弥

前　言

创业者是孤独的。有时候，你会觉得自己太疯狂，“不太正常”，总会产生一些新奇的想法，总想做一些不一样的事，总想把“不可能”变成“可能”，总想创造一番“前无古人”的事业。但大部分时候你却面临“三无”境地：无钱、无人手、无人理解。

但加入加速器会帮助创业者减轻这种孤独感。它使你看到其他的创业者，说不准就是和同桌的那个人，比你更“疯狂”！

加速器使创业者看到还有另外一些人也在做着新奇的、不一样的、看似“不可能”的事；它把“无”变成“有”：有人相信你和你的想法，有人会想要尝试，有人会想要与你合作或购买你的产品。但加入加速器不是万灵药，不能解决所有问题。

同时，也不是所有创业者都适合进入加速器。加速器的作用在于帮助创业者有机会接触商业资源、投资者和专业导师，找到志趣相投者，找到能培养能力的创业项目，最重要的是，找到相互扶持的伙伴。

在众多行业中，能源行业的创业者或许最为艰辛。作为一群行业颠覆者：我们要抢夺经济制高点，对抗那些积累了史上最多财富和最高权力的公司，或者计划在短短几十年内击垮手握重权的行业大佬，与石油业和“老大哥”煤炭行业抢占市场份额都是艰险却必要的目标。

单枪匹马的创业很少能带来成功，因为战斗太艰难，道阻且长。就像乌龟之所以在沙滩产卵，是因为天空有太多海鸥，海水有太多鲨鱼虎视眈眈。能源行业初创企业也需要获得支持来孵化、迭代，从而有能力进入能源市场这片广袤的大海。

这就是为什么我们致力于建立更多的加速器和孵化器，因为我们想要帮助更多的能源行业创业者成功；碰撞出更多充满创造力的火花；使更多的初创企业能成功找到第一位客户、第一位投资者和第一位员工。

这些都正在全球所有共享办公空间、实验室、创新加速器里不断上演。

本书将梳理、解读何为加速器，并希望阅读过程充满趣味。

我们致力于推动清洁能源公司遍布全球，以此来拯救我们的家园。我们也希望这一切在友善、包容、合作，而非充满对抗的氛围中实现。这不是你死我活的残酷厮杀，而是一群充满激情的创业者试图为我们以及子孙后代找到一条新的发展之路。携手并进，方能踏实远行；独自上路，或可轻装快行，但途中不会如此有趣，成果也不会如此卓然。

众所周知，气候变暖正在不断加剧我们的危机感：或许只有最多二十年的时间可以用来扭转目前所预见的灾难性后果。为达成目标，我们需要成千上万名能源行业创业者。他们可以成为电力行业的新型零售商，成为电力行业自动化和网络化的共享型移动服务公司，成为分布式服务组织，从而与我们现在可以开发的分布式可再生能源潜力相匹配。上述一切，建立在共享合作，汇聚资源，互联创新的基础之上，而这，就是我们建立全球最大的能源加速器网络并希望这个网络健康发展的原因。

所以，请妥善使用这本指南。我们希望它能将支持创业者一事变得简单一点。在推动初创企业发展这一道路上，不管你是经验丰富的专业人士，还是初出茅庐的“加速器”新手，都可以从这本书中受益匪浅！前行，加速！为更多初创企业提供更多的支持，守护他们的持续闪耀！

丹尼·肯尼迪（DANNY KENNEDY）

执行总裁 @ 加州清洁能源基金会

NEW ENERGY NEXUS

全球无电人口高达十余亿。使用化石燃料发电、供暖和供能会导致二氧化碳排放量增加，而后者是全球气候变化的罪魁祸首。同时，争夺化石燃料的开采与使用是造成全世界地缘政治紧张局势和冲突的主要原因之一。上述三大难题联系紧密，牵一发而动全身。但清洁的分布式能源或许能成为解谜之匙，并随之创造数百万就业机会和数万亿财富。

当前有许多途径可以帮助经济增长引擎实现从化石燃料到清洁能源的转换，举行示威游行、宣传活动、呼吁政策优化和成立研发项目——这些都是行之有效且迫切需要施行的方法。New Energy Nexus 则在转换方法论上着重关注创新。如果想要建立一个全人类共享的、100% 由清洁能源驱动的世界，我们仍需要在多个层面、领域、国家间进行大量的创新。如果想将清洁能源推广到世界的每个角落，我们还需要建立新的商业模式、金融模式，研发新的技术，确立新的国际合作伙伴关系，成立新的合资企业，而创业者，将是实现这种创新的主要有生力量之一。因此，我们需要一支“创业者之军”，为全球能源系统带来翻天覆地的变化！

New Energy Nexus 解决的问题是：

我们应该如何规模化地实现这一切？

创业者需要在一个良好的生态系统中成长，这个系统应具备：

确保创业者有序发展的法律及制度架构，为创业者赋能的教育系统和技术培训，信任创业者的投资者以及购买创业者产品及服务的客户。

若把该生态系统比作蜘蛛网，加速器就是织网的蜘蛛：

它四处奔走，将“蜘蛛网”的每根线条连接在一起，搭建起一个相互联系且强劲有力的框架。为了促使生态系统健康发展并规模化地支持创业者，我们建立了New Energy Nexus，致力于为加速器加速——即专注能源行业，将各类加速器运营理念、资金人脉资源联结整合，开展合作推进全球能源初创企业生态系统可持续运作。

亨德里克·提辛嘉（HENDRIK TIESINGA）

联合创始人及项目总监 @NEW ENERGY NEXUS

本书是合作的产物

New Energy Nexus 成立于 2016 年由亚洲开发银行主办的亚洲清洁能源论坛之上。随即，我们与美国 Incubate Energy、世界银行气候创新中心（Climate Innovation Centers）以及世界自然基金会全球气候变化应对计划（World Wide Fund for Nature's Climate Solver Network）展开合作。通过这些合作伙伴关系，New Energy Nexus 已联结 90 余家遍布全球的清洁能源加速器。

2017 年，我们在上海举办了国际绿色能源平台交流峰会（Accelerate Energy Summit），旨在鼓励全球加速器代表分享适用性和实用性较高的最佳实践。峰会期间，我们邀请加速器代表互相采访并做好采访记录，这些记录便是本书的灵感来源。

本书的作者瑞恩・库什纳（Ryan Kushner）是我们最重要的合作伙伴和协助者之一。2017 年，他接受了我的邀请来到上海，帮助完成采访记录，分享他的经验和研究成果，并最终完成了此书。因此，除非另有说明，本书中凡提及“我们”处即指 New Energy Nexus 旗下各加速器；“我”则指代瑞恩。你还能在书中看到我们基于收集到的信息所统计的数据和绘制的图表。这些数据由分布在美国，亚洲，非洲，中东，欧洲，印度和澳大利亚的 32 家清洁能源加速器提供。

希望你能喜欢本书，并从中获益！

亨德里克・提辛嘉（HENDRIK TIESINGA）

联合创始人及项目总监 @NEW ENERGY NEXUS

我是谁？（为何要听我之言？）

大家好！我是瑞恩·库什纳。生活的轨道总是会把人生这辆列车带往匪夷所思的方向。从“剧情片剪辑”到风马牛不相及的“月球基地规划”已是极为疯狂的跨行；但没想到我现在更是一脚踏进了“初创企业加速器”这个更为疯狂的世界。但幸运的是，我几乎体验了加速器的所有环节：供职于一家加速器，为其他加速器提供服务，也已经参与设计并创建了数个加速器。

我的故事开始于一封邮件：朋友告诉我 Elemental Excelerator 正在招聘。我知道它是一个顶尖的清洁技术加速器，位于夏威夷火鲁奴奴（Honolulu）和帕洛阿尔托（Palo Alto）。机会难得！但因为行业生僻且我对此不甚专业，我就理所当然地把邮件扔进了垃圾邮件。不过，我聪慧的妻子也看到了这封邮件，她在晚饭时劝我再慎重考虑一下，于是，我最终选择加入 Elemental Excelerator。

3 年间，Elemental Excelerator 的工作让我走遍了全球。我曾经一边在夏威夷壮观的火山群中跋涉，一边了解什么是能源分解辨识（energy disaggregation）；也曾经带着一群能源公司高管在葡萄牙一座废弃的电厂里大玩“石头剪刀布”。我得和成百上千的初创企业及其创始人们打交道，“手把手”地教导他们关于商业模式、战略、沟通的一切内容；帮助他们与全球体量最大、发展最快的电力公共事业公司达成交易；让他们了解顶级加速器项目成功的奥秘。

我在 Elemental Excelerator 的最后一个项目缘于我在火人节（Burning Man）上的一场相遇。

当时，我正主持着一个名为“构建未来：从想法到行动”的研讨会议。一个男人走了进来，自我介绍他是亨德里克·提辛嘉（Hendrik Tiesinga）。这位

New Energy Nexus 的创始人现在是我非常好的合作伙伴和一生的挚友。他告诉我，他想成立一个独一无二的、以客户需求为导向的加速器，将全球最尖端的清洁技术初创企业与发展最健康、快速的电力公用事业公司匹配对接。这个想法后来催生了 Free Electrons 项目，也成功推动来自日本、新加坡、澳大利亚、爱尔兰、德国、葡萄牙的 8 家电力公用事业公司和全球 12 家清洁技术初创企业达成了合作，解锁价值 1000 亿美元的投资和试点项目。本书将在稍后披露更多有关 Free Electrons 的信息。

截至目前，与加速器有关的事务我均有涉猎：为初创企业提供建议，担任 Center for Carbon Removal、Schmidt Marine Technology Partners 等特色项目的咨询顾问，负责区块链可再生能源基础设施基金等。但是，我的加速器历程下一步会带我驶向何方，也是我一直好奇的问题。

比如，我能否利用我拥有的加速器从业经验创造更多积极的改变呢?

亨德里克的想法与我不谋而合，他提议将他对全球清洁能源加速器行业的洞察和我的经验融入一本书，然后分享给全世界，共享最佳实践，探索新路向。目前你手中拿着的正是这个想法的产物，不臻完美，但是勇敢尝试的第一步。

这本书能诞生，我想也离不开我执着的个性。当我在 Presidio Graduate School 攻读 MBA 时，我发现了一个让我震惊的事实：地球上空漂浮着一个巨大且具有致命杀伤力的“小行星”，而且这颗“小行星”能酿造生灵涂炭的人间惨剧，但奇怪的是，尽管我们有能力阻止这一切，我们却冷冷地旁观着这颗“小行星”一步步影响人类走向注定的悲惨结局；更奇怪的是，如果我们阻止“小行星”带来的灾难性后果，可以创造巨额财富并摧毁自私自利的“石油独裁王国”，但我们依然无动于衷。这枚特殊的“小行星”就是气候变暖。我职业生涯的驱动力是寻找巴克敏斯特 · 富勒（Buckminster Fuller）所说的“调整片”（trimtabs）——带动巨型轮船主舵更快转弯的小舵。我认为，既然人总得工作，何不合理使用 8 万小时（平均职业寿命）帮助整个人类，通过自身的参与努力推动社会进步、世界更健康的发展？因此，阻止气候变暖是我为自己设定的职业目标（当然，它也应是你的责任），是人类发展这艘“巨型轮船”的转弯方向，清洁能源 / 技术是巨轮主舵，加速器则是“调整片”、是小舵，也是我自身推动社会前行的全力投入。这就是为何我关注、热爱加速器，以及为何我以将本书呈现在你面前为荣！

阅读攻略

本书值得二次阅读。

第一次阅读，建议快速浏览全书，了解主要框架和核心内容。第二次阅读，建议仔细研究每一章节，抽丝剥茧以领会个中深意，从中吸取有用的知识点；或是带着疑问阅读有关内容，寻觅能够解疑释惑的法宝。当然，如何玩转本书还将由你决定。

本书除了分享关于加速器运营的最佳实操技能外，还试图解答下列问题：

- 加速器和孵化器分别指什么？本书将给出定义，并解释它们的作用。
- 两者对企业是否有价值？本书将披沙拣金，使你有能力做出明智的决定。
- 它们是否对社会有明显助益？
- 如果你正经营着，或打算新成立一家加速器，那么你能从其他项目中习得什么经验，用以提高加速器的效力和影响力？
- 你应如何通过以客户为导向寻求更大的成功？

简　介

加速器（名词）：它可以指称共享办公场所。

但，它实际上也是一种培训项目。它会向初创企业提供资金，或许也不会，或许有时会；它会拿走初创企业一部分股权，或许不会；到底哪一个关于加速器说法是真的?

神奇的是，上述说法都是真的！加速器的定义与存在常常会令人疑惑，感到迷茫，或使人惊叹，或平淡无奇。这如坐过山车般的心理历程我全都经历过，因此我们非常激动能为你们抽丝剥茧，解开疑惑，这样你们就能：

1. 决定是否要加入一个加速器项目。
2. 创建一个加速器项目（或更有效地运营现有加速器项目）。

无论你是谁，你的出发点是什么，本书始终将你的诉求铭记心中

你会在书中发现大量实例，它们均是来自全球可再生能源 / 清洁技术领域的加速器。为什么我们要强调能源和清洁技术？因为广义的清洁技术和狭义的可再生能源是 New Energy Nexus 的深耕领域，是我的经验所在，也是加速器检验自身能力的试验场。另外，基于某一具体行业的案例分析，可以使细节更加生动形象，帮助读者理解加速器的运营模式和成功的奥秘。但纵观整个创业领域，仅有 3% 的初创企业投身于能源行业。因此，本书在花费大量篇幅分享能源行业最佳实践和阐释加速器定义的同时，也从更广阔的行业领域和分布地域中选取了全球领先的加速器项目，分享有关它们的经验和实例。

作为创业者

或许你正考虑加入一个加速器或孵化器，或许你只是对它们有点好奇。那么，到底什么是加速器 / 孵化器？两者之间有何区别？它们是否值得你投资时间和金钱？即它们是否有用？（这大概是我们最常被问到的问题）。我们将为你一一解答这些问题；让你全方位、透彻地了解加速器；最重要的是，让你能够决定是否要勇敢一试。

作为加速器运营者

你是否正运营着一个加速器？或考虑建立一个新加速器？实现目标的最佳方式是什么？业务扩张，尽职调查，商业模式等领域的最佳实践都有哪些？我们从不同行业、分布于全球不同区域的顶尖项目中精选了一些实例，帮助你优化加速器建立、运营，提升服务品质，创造更多的积极影响（最重要的是）。

系好安全带，我们要加速了

目录

02

03

01

什么是加速器

开宗明义，请允许我们先解释何为加速器，以及其存在的意义，加速器是指通过运营具有具体目标指向的项目以支持初创企业（公司）发展的组织（包括营利性组织和非营利性组织）。一如其名，加速器旨在加速初创企业发展，（理论上可以）帮助它们走得更远、更快。

加速器和孵化器有何区别？

不知道吗？这就对了。几乎所有人，甚至包括加速器的运营者，可能都不清楚这两者的差异何在。为什么？因为加速器和孵化器没有标准的定义。它们是品牌化的结果，是约定俗成的概念，或是一种潮流所驱。

但，为使本书清晰明了，也为了加速器领域的发展，我们有必要为这些术语标注一些定义并进行分类。我们认为伊恩 · 海瑟威（Ian Hathaway）在《初创企业加速器能真正做些什么》（发表于《哈佛商业评论》2016 年 3 月刊）一文中所作的研究和总结表明，他对该问题有着非常深刻的思考。因此，我们将跟随他的脚步进行分析。

清晰区分孵化器、天使投资/风险投资、加速器

	孵化器	天使投资/风险投资	加速器
持续时间	直至参与企业发展成熟，倒闭或双方不再合作	持续进行	3个月至1年
分批次参与	无	无	有
商业模式	场地租赁；其他服务	投资	投资；服务费；其他外部资金
选择候选者	无竞争者	有持续的竞争者	有周期性的竞争者
参与企业所处阶段	早期	早期或晚期	早期或晚期
培训体系	具体指向性的可选择性课程	无	大量密集型课程
导师指导体系	具体指向性的指导体系	视情况而定；各不相同	密集型指导体系
参与企业所处位置	孵化器物理空间内	无实体空间，通常为线下沟通	在培训期间，通常位于加速器物理空间内

资料来源：伊恩·海瑟威（Ian Hathaway，2016），《初创企业加速器能真正做些什么》（发表于《哈佛商业评论》），源自S. 科恩（S. Cohen，2013）所著《加速器在做什么？来自孵化器和天使投资人的洞见》。

由此，我们得出以下定义：

加速器是一种项目，它分批次接受初创企业（或想法、人才）入驻。同一批次入驻的初创企业（或想法、人才）被称为同期公司。按惯例，加速器会举行路演日活动，帮助入驻初创企业吸引潜在客户、合作伙伴、投资者和员工前来参访以达成合作。虽然通常情况下加速器和入驻初创企业间存在现金转股权的交易，但并非总是如此。因为加速器会花费大量时间为入驻初创企业提供密集的培训以及入驻初创企业的想法/原型/项目总需要这样或那样的帮助，所以初创企业通常会在发展后期入驻加速器。

孵化器主要吸引的是处于发展初期的创业团队；且只要空间/容量允许，孵化器可以源源不断地接受新的初创团队。其性质类似于合作办公空间，会收取一定的空间使用费（不会进行股权交易），主要目标是帮助入驻团队完成从团队到公司的转化。孵化器会提供技能培训，帮助入驻团队寻找导师/投资人，创建和谐的社区。其主要价值在于初创团队可以在此找到办公空间，与同行互相学习的机会，深入了解所从事的行业并搭建关系网。

加速器定义依然不够清晰，但它们都可以归结为“项目”

那么，有没有不能简单归于加速器或孵化器的概念 / 案例呢？答案是肯定的——而且它们可能还是最有趣的案例。比如，有些孵化器自身作为初创企业会加入加速器的分批次招募；有些加速器不会开展路演日活动等。我本人或许正是模糊它们之间界线的“元凶”：我设计了很多可持续滚动接受企业入驻的加速器项目——没想到吧？！

加速器当前正在以不亚于初创企业成长的速度不断完善、创新——这是好事。我们想要，而且需要这种尝试多种可能性发展的实验。但事物都有两面性，这种先锋实验也让准确、清晰定义加速器和孵化器成为难题。但为清晰传达本书的主旨，我们统一称它们为“项目”。

回报奖励机制

需要明确的是，加速器和孵化器并不是唯一能帮助初创企业的项目。具有回报奖励机制的项目也是一套独特的模式，它们通常会为获奖的一家或一组企业提供融合了资金 / 投资、专项服务和公关形象提升等内容的奖励。大部分奖励机制的设置都具有施加某种社会、经济影响以提高公众意识或推动行业发展的作用。

XPRIZE®

XPrize 或许是目前全球最知名的设置回报奖励机制的项目，它旗下拥有众多大奖赛，每个大奖赛由一家企业或基金会出资赞助。这些大奖赛都是为了解决某个困扰人类的议题。比如奖金高达 2000 万美金的 Carbon XPrize 致力于寻找能将二氧化碳排放转化为有价值产品的解决方案；IBM 沃森人工智能 XPrize 竞赛试图展示人类与人工智能可能的合作方式；全球学习 XPrize 竞赛则希望开发出开源、可扩展型软件，以帮助发展中国家儿童自学基础算术和文学。所有大奖赛的获奖团队都能得到一笔不菲的现金奖金，并极大地提升知名度。

巴克敏斯特 · 富勒研究所

另一个知名的设置回报奖励机制的项目是巴克敏斯特 · 富勒挑战奖（the Buckminster Fuller Challenge）。它被称作“为具有社会责任感的设计作品颁发的最高奖项”，过去十年间，它每年为所能找到的最具社会影响和普世价值的设计解决方案颁发 10 万美元奖金。该奖项注重全面系统化评估，意在寻找和支持极具巴克敏斯特特色的项目，比如萨弗瑞研究所（Savory Institute，通过大集群方式放牧牲畜以减少碳排放）、生态建筑挑战（Living Building Challenge，优化版绿色能源与环境设计先锋奖）和绿波（Green Wave，设计了世界上首个三维海洋农场）。

（初创企业 / 团队）自行加速

三个出色的实例：Idealab，Otherlab，谷歌 / Alphabet X 实验室

除上述提及的项目模式以外，还有一个模式也丰富了加速器的概念。这种项目模式并不会招募初创企业成批入驻，而是寻找、挑选有价值的创意 / 团队，对其进行分析，再由该团队在有限协助下自行加速。这种模式常见于高度开放和极具创造力的初创企业 / 团队，但并不具有普适性（还请大企业别多心，我并没有暗指你们的意思）。接下来，我们将介绍这三个出色的实例：

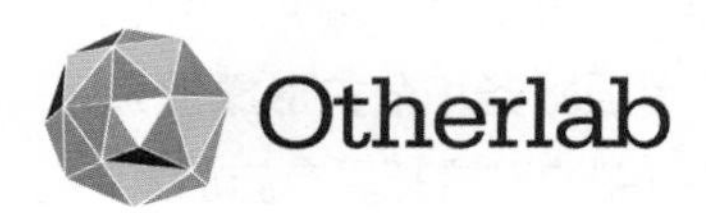

Idealab：有些人认为，Idealab 是原始形态的加速器项目。其许多创意都来自创始人兼主席比尔 · 格罗斯（Bill Gross），实验室会为创意提供第一轮投资，负责聘请首席执行官（CEO）和组建团队，接着与新团队一起推动创意落地。这种模式有效吗？在过去的二十年间，Idealab 帮助成立了超过 150 家企业，创造了 1 万余个工作机会，并为包括 7 家独角兽（指市值超过 10 亿美元的公司）在内的企业成功实现了至少 45 次 IPO 和收购计划。

Otherlab：在旧金山教会区一家老旧管风琴工厂里，藏着一家《查理和巧克力工厂》风格的创意铺，它的所有者是索尔 · 格里菲思（Saul Griffith）。我（作者）曾经在利拉 · 梅隆（Leila Madrone）的带领下，参观了 Otherlab。利拉来自 Sunfolding，该初创企业由 Otherlab 和 Y Combinator 共同加速。在 Otherlab，我看到了各种各样的创业项目，包括可替代性空调系统和挂墙机器人。与 Idealab 类似，Otherlab 也会自行挖掘并分析创意，再组建团队实现创意落地。

“Otherlab 的创始人索尔 · 格里菲思（Saul Griffith）是特别有活力的人。他从不惧怕说出（你会失败或者想法不够格的）真相，而这一点对于初创企业尤其重要。为什么？因为没人想浪费时间。从起步到收尾，一个创业项目可能会耗去十年。人生能有几个十年呢？因此你必须得始终确保你对于自己的产品 / 想法 / 解决方案有足够的正确认知。

索尔与 Otherlab 的伙伴一起挖掘创意，并招募人才、汇集资源来推动改变发生。除非我们需要他，否则从团队成立的那一刻起，他将不再干涉我们的决定。他清楚地知道，我们并不需要一个局外人整天在团队内指手画脚。”

利拉 · 梅隆（LEILA MADRONE）

创始人 @Sunfolding，入驻 Otherlab 和 Y Combinator

X 实验室（隶属于 Alphabet/ 谷歌）：2017 年秋天的一天，我（作者）走在谷歌山景城（Mountain View）园区中，身边来往的都是可爱的无人驾驶汽车和色彩缤纷的自行车。此行我将拜访 X 实验室，这个神秘的“探月工厂”。与上述两个项目相似的地方在于，X 实验室也是推动初创企业 / 团队自行加速。

X 实验室筛选创意的过程好比一个漏斗，漏口处是大量“野心勃勃”的创意，涉及领域包括能源、交通、健康等。可行性、影响力等因素将成为筛选创意的条件。一旦漏斗筛选出了某个创意，X 实验室就会协助组建团队，建立产品原型并进行评估。那些我在路上看到的那些无人驾驶汽车，实际上，它们就是出自 X 实验室的产品。

有些人会谴责项目失败所造成的资源、效益损失，但 X 实验室的目的就是培养黑马，让它们为社会、为 Alphabet 带来巨大的积极影响。《大西洋月刊》2017 年 11 月刊上发表的一篇文章《谷歌 X 实验室：创造力的科学》中说道：“X 实验室不仅允许员工调研、实践不可思议的想法，还鼓励、甚至要求员工这么做。这大概在全球都是仅此一家，别无分号。”

从盈利、影响力以及各自所占的比例出发解读加速器

加速器都有各自的目标和驱动力。其中一些需要为其投资者或赞助者带来财务回报；另一些只需要为社会创造价值或解决某个难题。但大部分加速器兼具上述两种目标，只是侧重点有所不同。我们所知的某些单纯以营利为目的的项目仍然强调它们的社会价值，而一些以创造社会影响力为核心的项目也极其依赖其自身的投资回报。简而言之，加速器的目标通常是盈利和影响力的结合体。

以 Y Combinator 为例，它是一个营利性加速器，根本目标是追求投资利益最大化。它会提供 12 万美金给入驻初创企业，作为交换，后者需要让渡 7% 的公司股权（双方将签订由 Y Combinator 制定的《未来股权简单协议》Simple Agreement for Future Equity，简称《SAFE 协议》）。Y Combinator 现已成为业内家喻户晓，颇负盛名的加速器。而这一切离不开它全球首屈一指的培训体系、专业导师和投资人网络以及亮眼的业绩表现（最重要）。自 2005 年以来，它为超过 1580 家企业（完整的企业名单可至 Y Combinator 官网查阅）和近 3700 位创始人提供了资金支持。

经其加速的初创企业在离开 Y Combinator 后合计共募得超过 130 亿美元投资，总市值高达 850 亿美元，其中的佼佼者包括爱彼迎（Airbnb）和多宝箱（Dropbox）。毋庸置疑，Y Combinator 是一家规模巨大、影响力深远的经济引擎——但同时，它也接受一些涉及负责解决医疗、教育、慈善等领域问题的初创团队加入。Y Combinator 对这些团队的加速、投资并不以营利为最终目的。

Y Combinator 业绩（截至 2018 年冬）

1585 家	初创企业
3700 位	创始人
15 家	市值超过 10 亿美元的 Y Combinator “毕业企业”
74 家	市值超过 1 亿美元的 Y Combinator “毕业企业”

Y Combinator 2018 年冬招募企业行业分布数据

32.3%	B2B	2.1%	农业
26.8%	消费行业	2.1%	政府
18.3%	生物 / 医疗	2.1%	房地产 / 建筑
4.9%	教育	1.4%	航空航天
4.9%	金融科技	1.4%	工业
3.5%	区块链		

资料来源：Y Combinator 官网。

Y Combinator 2018 年冬招募企业概览

141 家	**招募企业**
23 个	**分布国家**
35%	**来自国际**
27%	**女性创始人**
13%	**非洲裔 / 拉丁裔创始人**

部分 Y Combinator“校友”企业：

stripe

coinbase

香农·胡德（Shannon Hood）作品

有很大一部分项目则致力于创造社会影响力。它们成立的宗旨是解决社会、经济、生态挑战。这些项目大多数是非营利性质的，但并不绝对。许多项目由城市或政府间组织资助运营以期拉动经济增长。有些项目有具体的目标。比如 Imagine H20 就希望运用加速器项目来应对水资源挑战；Rock Health 则致力于推动医疗发展。

但尽管某个项目是非营利性质的，且以创造社会影响力为主要目标，这并不意味着它们不会依靠自身的投资回报来促进发展。比如，Elemental Excelerator 是一个位于夏威夷火鲁奴奴和帕洛阿尔托的非营利性清洁技术加速器，但它高度依赖通过寻找并投资有发展前景的企业获取的回报来促进自身发展。它在全球范围内寻找这些企业；运行着一套极其有效的尽职调查章程；基于入驻企业的成熟程度，以 75 000 美元至 100 万美元不等的投资换取 1% ～ 6% 的公司股权。这可能不符合大众对非营利性组织的理解，但实际上这样做至少会带来三重好处：

1

最大化社会影响力

一家企业越成功，它就越有能力用其他能源取代化石燃料；反过来，也就越能帮助 Elemental Excelerator 完成成立初衷。

2

证明其投资模式的有效性

通过投资初创企业、获取回报、产生盈利，Elemental Excelerator 证明了即便是投资处于“死亡谷”（创业失败概率最高的阶段）的清洁技术企业，也可以是一个明智的选择。这会吸引更多的投资者进入清洁能源技术领域，扩大总资本池，从而进一步帮助 Elemental Excelerator 实现目标。

3

形成良性循环

鉴于 Elemental Excelerator 旗下拥有许多员工，背负着高昂的运营成本，它与其他企业一样，也会制作损益表（profit and loss statement）。当其投资的某家公司被出售或收购时，Elemental Excelerator 所持有的该公司股权将变为现金，并进入其名下的“长青基金”（Evergreen Fund）。如此，Elemental Excelerator 得以持续经营，其创造的社会影响力也能不断扩大。

另外，Elemental Excelerator 还管理着一个营利性基金，用于初创企业离开该加速器后的继续支持。这无疑更加模糊它营利性 / 非营利性的区分界线。之所以会形成这种结构，自然有其背后的原因：Elemental Excelerator 在项目运营期间投资的企业都经过了严格的审查，其风险在接受尽职调查和密集项目培训后降到了最低，从而颇受投资者青睐。

为什么会有这么多不同的项目运营结构呢？因为面向不同的服务目标、不同的地域、不同的行业，每个项目都具有独特性。所以存在许多不同的初创企业生态体系和投资者种类与结构，就存在许多不同的项目运营结构。

New Energy Nexus 所联结的清洁能源加速器生态网络也呈现出了类似的多样性。以 Rockstart 为代表的清洁能源项目采用了营利性运营结构。而其他如世界银行成立的各气候创新中心（加纳、加勒比海地区、埃塞俄比亚、肯尼亚、摩洛哥、南非、越南等）则是以使命第一（通常为社会影响力）为宗旨的非营利性运营项目。但总体而言，New Energy Nexus 生态网络内有 80% 非营利性项目，略高于世界平均值 60%。

每一个项目都是独一无二的，
为完成其特殊的使命而生。

你是……

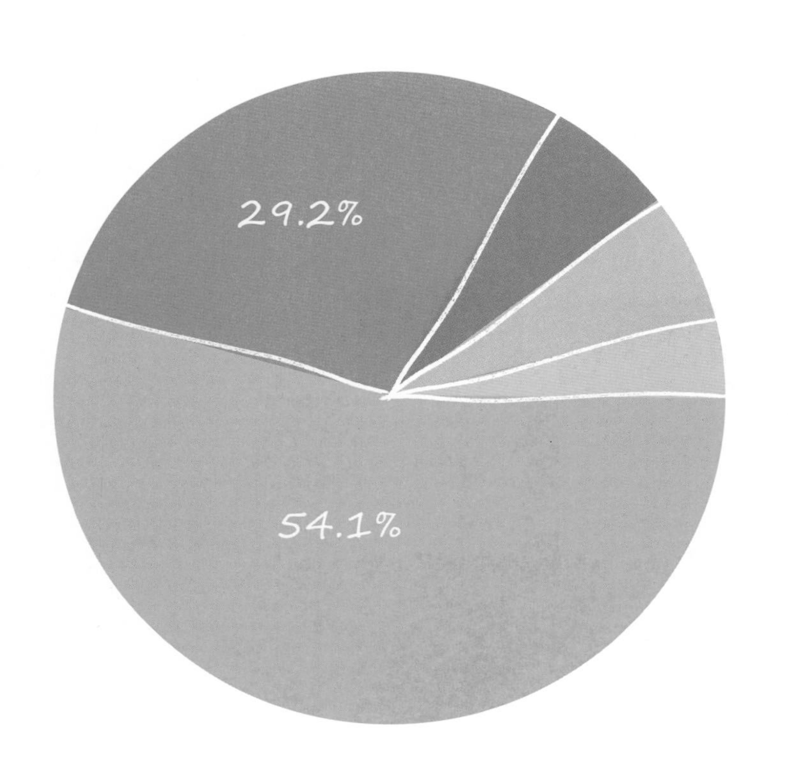

非营利性项目

营利性项目

并非独立的法人实体，但希望成为非营利性项目

非营利性项目，但计划成为营利性项目

社会企业

资料来源：基于《New Energy Nexus 调查》，2017 年 11 月。

注：调查对象为分布在美国、亚洲、非洲、中东、欧洲、印度和澳大利亚的 32 家清洁能源加速器，共 24 份回答。

项目类型

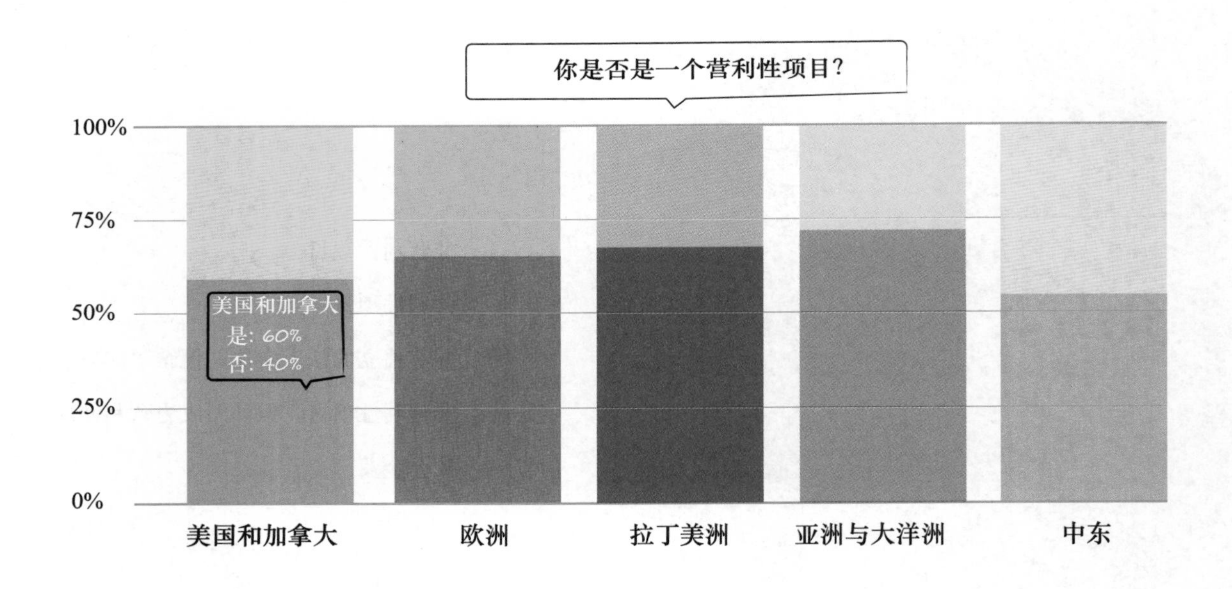

资料来源：《2016 全球加速器报告》，*Gust*（*2016*）。

加速器为什么要关注招募企业所处阶段 / 成熟度?

加速器通常会关注招募企业所处的阶段。比如你常会听到类似于“我们正在为加速器项目寻找处于发展末期 / 早期 / 起步阶段等的企业”的话语。

为什么要关注这一信息?这是因为所处阶段、成熟度不同的企业对资金、培训和技能发展、合伙人 / 客户等的需求各有不同。所以明确要求企业所处的阶段使项目可以为其提供更好的服务。

再以 Elemental Excelerator 为例，它主要吸引两种成熟度的企业入驻：位于发展早期的初创企业，通常已具有创意 / 产品原型和两名全职员工；位于发展晚期、寻求增长的初创企业，其目标客户为诸如公用事业公司、大学、大型企业以完成技术布局。

初创企业必须要了解所有有关“所处阶段”的信息。一旦企业不符合项目对所处阶段的要求，那么加入该项目的机会就会变得非常渺茫。下文“尽职调查”部分会阐释项目如何筛选入驻企业，如果不符合这项要求，企业甚至很可能在第一轮初筛中就被淘汰。那么企业应如何应对呢?首先，请务必认清自己所处的阶段，再据此寻找合适的项目。如果在查询了所有相关资料后仍不能确认自己处于什么阶段，请寻求帮助。同时，请关注有哪些项目在招募晚于你目前所处阶段的企业，并与它们建立良好的关系，因为你可能会在某一天成为其中一员。

“我们会投资任何具有潜力的初创企业/团队，无论这家企业有几个创始人，但创始人的理想人数在我们看来是两到三个。我们希望该团队不仅能产出产品，还能售出产品——既有建立原型的技术能力，又有打开市场的营销能力。

尽管有些企业/团队尚未发布最终成品，但大多数人都已经建立了自己的原型——只有极少数人还停留在“创意”阶段。我们会考察所有初创企业/团队过去的成就，这会让我们清楚哪些团队确有执行能力。

我们知道创意总是在不断变换的，因此无法作为有效的考核指标；所以我们主要考察创始人是否具备执行能力。在这一过程中，我们会思考这家企业是否有潜力进入十亿美元俱乐部。而如果它是一个非营利性机构，我们则会思考它是否有能力影响数百万人，以及我们应如何帮助它实现这一目标。”

凯特·马纳拉克（KAT MANALAC）

合伙人 @Y Combinator

初创企业融资的典型阶段

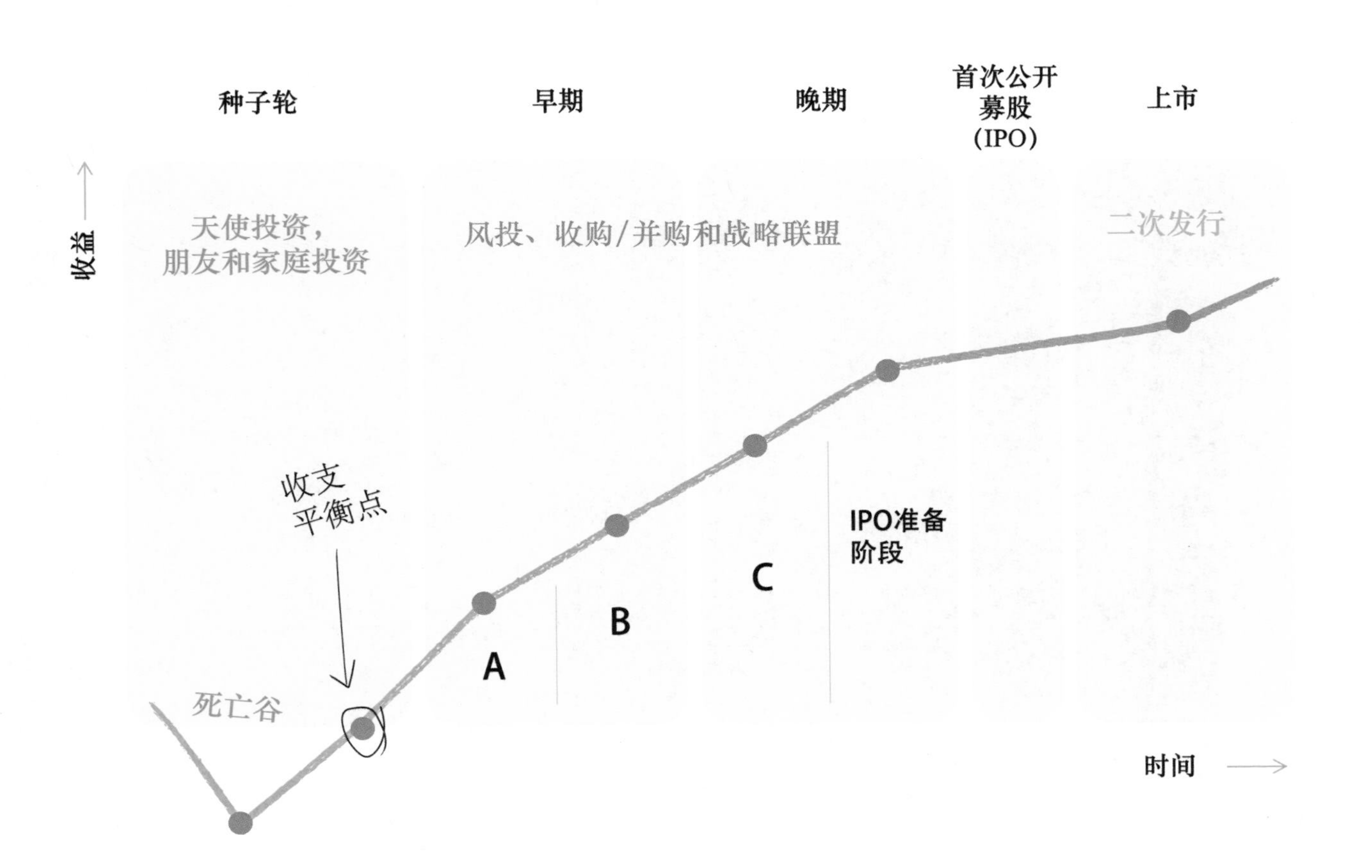

资料来源：*Evus Technologies*，博客，《创业企业融资的阶段（附信息图）》，J·赞恩（*J.Zenn*）著。

“有时候我投资的公司已生产出了实际的产品，所以它们能展示快速增长的销售业绩。在这种情况下，我会向他们提出以下问题：你获取客户的成本是什么？你们有哪些维系客户的方式？你们每月营收能达到多少？投资回收情况如何？你们的增长速度有多快？为回答上述问题，公司就得提供相应数据，而我们可以进行量化评估。但同时，有些非常有想法的公司还没有生产出实际的产品，所以我不能以量化的方式评价它们的产品市场。在这种情况下，我会非常看重与其客户的交流。

我曾经遇到过很多初创团队（特别是处于发展早期的初创团队）的创意非常棒，而且听上去相当可行。如果他们有机会将创意落地，这些项目可能会为世界带来积极的改变，并让某些群体过上更好、更轻松的生活。但可惜的是，他们没有找到这样的机会。所以，我会了解这些企业的商业模式。比如我会问：你会怎样建构你的企业，使其可以在不断为客户创造价值的同时，为你带来收益和生存的机会？”

拉米兹·纳姆（RAMEZ NAAM）

科幻小说家，天使投资人

能源与环境（Energy & Environment）联合主席 @ 奇点大学

“当人们听到“加速器”时，他们脑中浮现的往往是类似于 Y Combinator、500 Startups 和 Techstars 这样的项目。这些技术型加速器帮助了许多初创企业走向成功，包括爱彼迎（Airbnb），多宝箱（Dropbox）和 Instacart。它们的通常做法是挖掘创意，募集种子轮投资和其他资源支持，再基于这些创意成立公司。除此之外，还有一些加速器主要帮助投身于资本密集型市场的初创企业，使它们得以安然度过第二个、第三个“死亡谷”。这些企业需要持续的资本投入，投资回报周期较长，并需要加速器在它们长达数年的成长期期间不断提供支持。这类型企业常见于能源、水资源、农业、交通运输等能改变我们生活方式的行业。

Breakthrough Institute 在 2011 年出版的白皮书中曾提出融资过程中存在两个“裂口”：对某些拥有能改变世界的创意的初创企业来说，它们是检测其生存能力的试金石。

未完待续

1 第一个“裂口”被称作“技术死亡谷”

此时，初创企业正发展它们的技术和商业模式，为第一轮募资做准备。

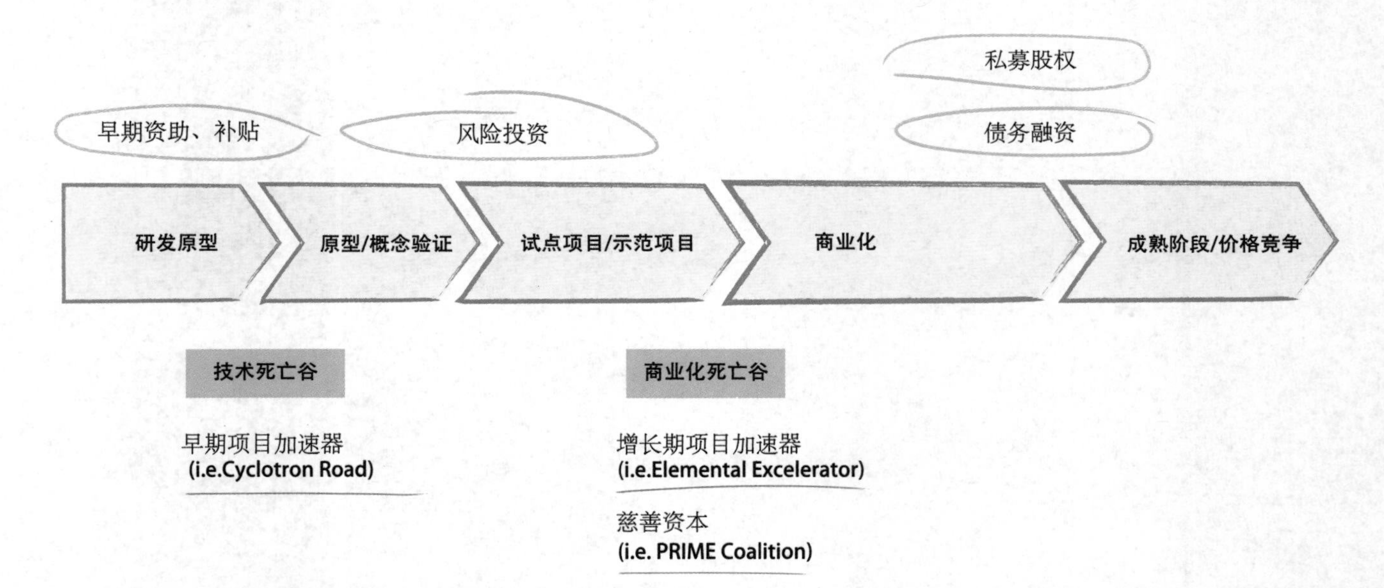

资料来源：《拯救死亡谷中的清洁能源初创企业》（Bridging the Clean Energy Valleys of Death），J. 詹金斯（J. Jenkins）和 S. 曼苏尔（S. Mansur）著，2011 年，突破研究所。

2 第二个“裂口”出现于初创企业为商业化项目融资之时

Breakthrough Institute 称其为“商业化死亡谷”。风险投资家们允许项目存在适当的技术风险，但不能提供大额投资；传统金融家可以提供大额投资，但不允许项目存在任何技术风险。

	早期资助、补贴	种子轮融资	天使投资	风险投资	债务融资	私募股权	公用事业公司和大型企业
一般投资数额	中等至大量	少量	少量	少量至中等	任意数额	任意数额	大量
技术融资阶段	研发原型	研发原型	研发原型	原型商业化	商业化布局	商业化布局	市场化布局
预计投资回报时间	长期	长期	长期至中期	短期至中期	中期至长期	中期至长期	长期
风险容限	高	高	高	高	低	低	低

资料来源：《拯救死亡谷中的清洁能源初创企业》（Bridging the Clean Energy Valleys of Death），J.詹金斯（J. Jenkins）和S.曼苏尔（S. Mansur）著，2011年，Breakthrough Institute。

3 我们还观察到第三个“死亡谷”——常发生在初创企业试图扩张或进入新市场时

“新市场”既指地理意义上的新市场，也指新的消费者市场，前者比如从美国将市场扩张至日本，后者比如将客户类型从军方扩展至公用事业公司。

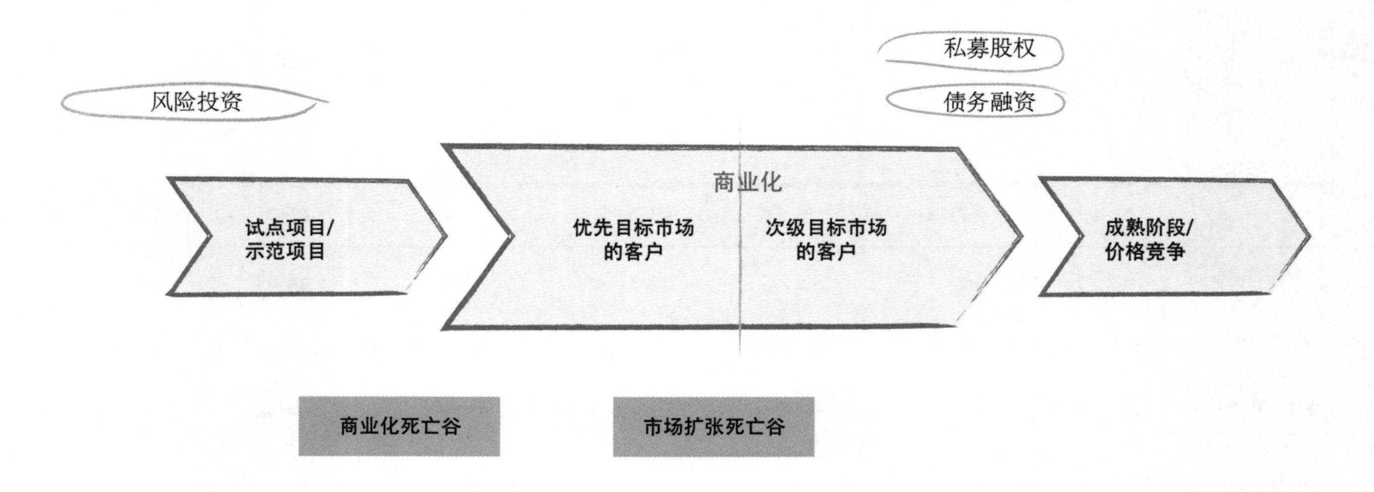

成长期项目加速器（如来自Elemental Excelerator的“三轨项目”：入市轨道（Go-to-market Track），示范项目轨道（Demonstration Track），和期权与市场准入轨道（Equity & Access Track）

资料来源：*Elemental Excelerator*

在 Elemental Excelerator，我们要求申请者在申请加入“示范项目”轨道时必须提供一个转型计划。这是因为我们想要通过资助一个实际的计划来帮助企业度过第三个死亡谷，从而证明其新一代技术的可行性，测试其采用的商业模式的可扩张性，或缓解进入一个新的消费者 / 地理市场的风险。我们最成功的企业已经发现了横亘在其当前处境和实现技术全面商业化之间的障碍。所以，我们以他们的经历为基础，合作推出了一个计划，该计划将成为未来加入“示范项目”轨道的初创企业的最佳案例研究，并将加快其市场化的步伐。在上一轮“示范项目”轨道的申请中，申请企业均拥有 2 ～ 30 名全职员工，平均已募集 190 万美元的外部资金，平均营收为 29.8 万美元。

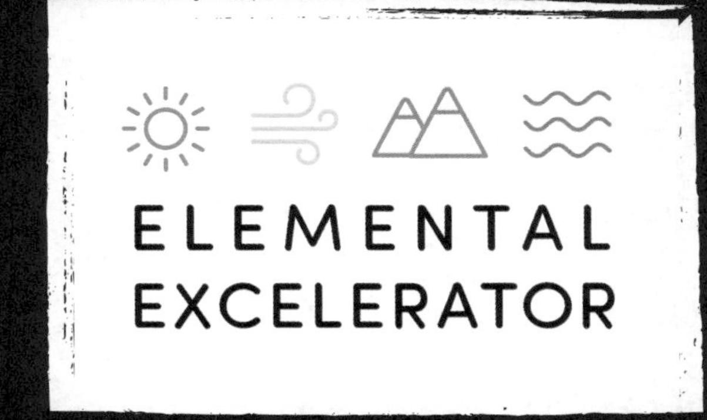

在衡量加速器运营成功与否时，除去几个标准的量化因素（如活跃 / 非活跃企业比例和后续注资）外，（重点关注增长期项目的）加速器还会考察初创企业的营收。比如 Elemental Excelerator 主要会从五个角度评价加速器项目运营下初创企业的发展情况和投资组合的有效性：

（被加速企业）创造的营收	1.1 亿美元
（被加速企业获得的）后续注资	共募得 3.5 亿美元后续注资，企业阶段涵盖前种子轮到 D 轮
（加速器项目）资金奖励	63 家加速企业，2200 万美元奖金
解锁创新资本	公用事业公司、建筑和土地所有者、农业经营者、政府机构和其他地方企业承担了示范项目共计 1230 万美元的成本
团队规模 / 就业机会	创造了 995 个全职岗位 ”

拉姆塞 • 西格尔（RAMSAY SIEGAL）

合作伙伴和供应链主管 @Elemental Excelerator

加速器真的有用吗?

加速器项目真的有用吗?它们是否真的如所宣称的那样为企业提供服务?对经济体和初创企业来说,它们到底是天使还是魔鬼?这些都是好问题,也是我们最常被问及的问题。

基于研究和行业经验,我们认为加速器确实有用!总体而言,它们会帮助企业成功募集资金、保持活力、吸引客户、退出市场(有时)。同时,项目还能帮助企业更快地找准定位、适时终止并转向新的目标。需要指出的是,加速器项目所聚焦的领域越具体,它们越能帮助参与加速器项目的企业发展。

加速器项目能帮助企业募集资金——多项研究表明,曾加入过加速器的企业更容易获得天使投资和风险投资公司的青睐。

加速器项目帮助初创企业吸引更多的客户，创造更多的营收：

> 初创企业面临的最根本挑战是克服“新手障碍”——缺乏商业知识和社会嵌入性。加速器和密集型创业项目试图帮助初创企业解决这些障碍，并通过促进后者学习相关知识和构建关系网来加速其发展。与从未加入过加速器的初创企业相比，我们发现获得顶级加速器项目背书的企业能更快地募集到风险投资、吸引到新的客户。

1. 《加速器真的能加速吗？加速器对企业成功的贡献研究》（节选），B.L. 哈伦等著，《管理学报会刊》，2014 年 1 月。

研究同时表明，无论是在新兴市场还是成熟市场，获得加速器项目背书的初创企业所创造的平均营收总是比没有获得背书的初创企业更高。

那么，如果初创企业创始人拥有丰富的从业经验，是否企业就不用担心这个问题了呢？（是否需要加入加速期项目 / 加速期项目是否有用）实际上，数据显示，如果初创企业加入的是某顶级加速器，那么创始人个人此前的从业经验并不能比加入加速器项目更有效地帮助企业成功。简而言之，加入顶级加速器能增加企业成功的几率，而创始人的丰富经验并不能以同样的方式实现这一点。

43 个加速器项目带给初创企业的“加速效益”

一年间初创企业主要业绩指数变化

		曾参与加速器项目的初创企业平均变化	未参与加速器项目的初创企业平均变化	差异	
营收	高收入国家	$35,062	$10,530	$24,532	是
	新兴市场	$26,134	$11,043	$15,090	否
全职员工	高收入国家	0.81	0.3	0.51	是
	新兴市场	2.18	1.22	0.96	否
股权	高收入国家	$23,415	$8,878	$14,536	否
	新兴市场	$22,239	$8,195	$14,045	是
债务	高收入国家	$21,620	$7,048	$14,572	是
	新兴市场	$14,616	$1,566	$13,050	是

概率 $p<0.05$ 时，差别有显著统计学意义：✓ 是 ✗ 否

资料来源：《加速新兴市场初创企业成长：基于 43 个项目的观察》，全球加速器研究机构（*Global Accelerator Learning Initiative，GALI，2017*）。

曾参与加速器项目的初创企业的债务和股权融资增长了 38%，而未参与加速器项目的企业只增长了 22%

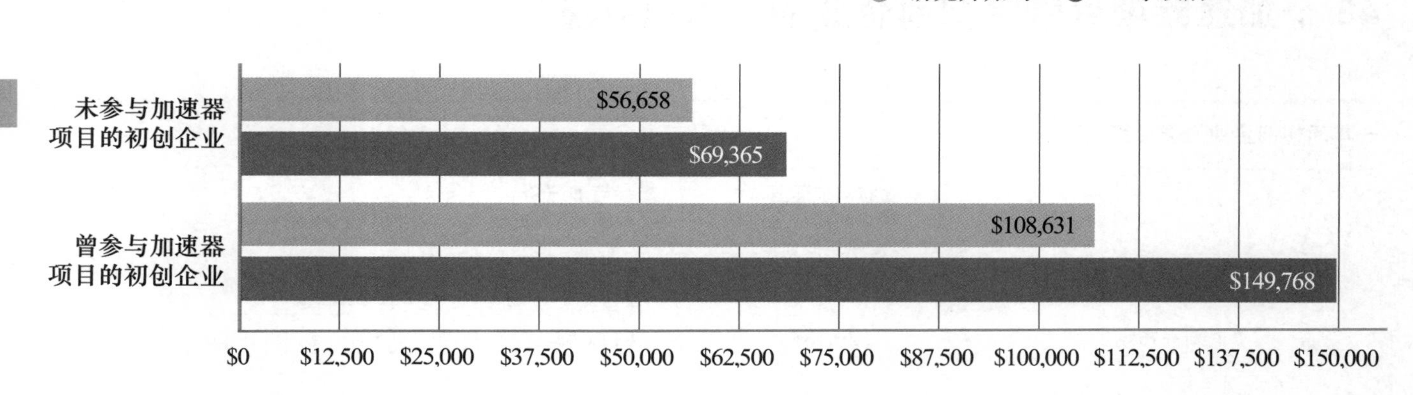

资料来源：《全球加速器研究机构的初步见解》，全球加速器研究机构，www.galidata.org/insights。

曾参与加速器项目的初创企业的营收增长了 50%，而未参与加速器项目的初创企业只增长了 30%

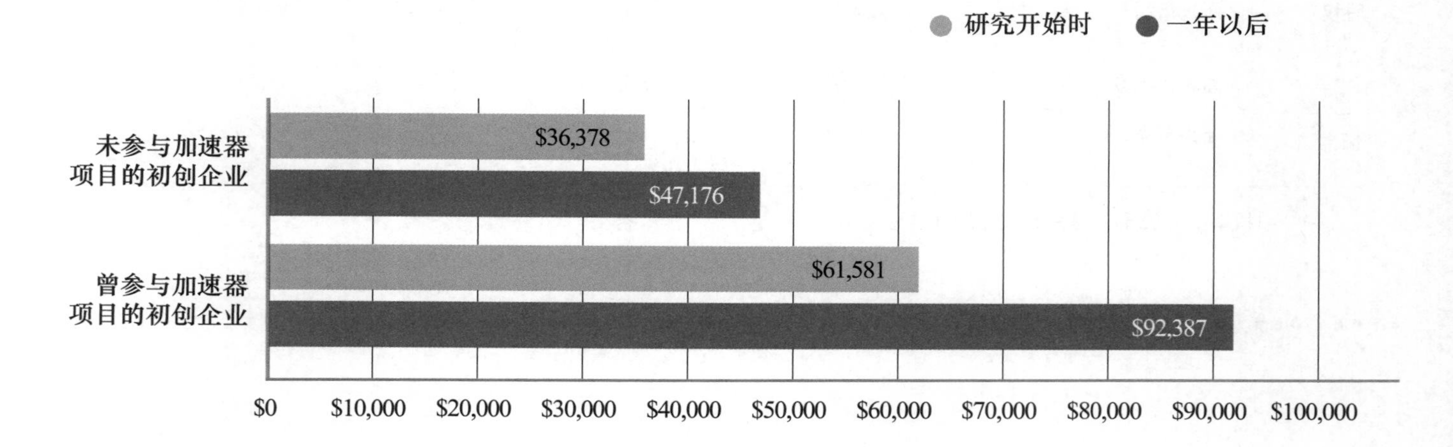

资料来源：《全球加速器研究机构的初步见解》，全球加速器研究机构，www.galidata.org/insights。

曾参与加速器项目的初创企业更有可能实现增长吗？

在一年间实现积极改变的曾参与加速器项目的初创企业和未参与加速器项目的初创企业的比例差异

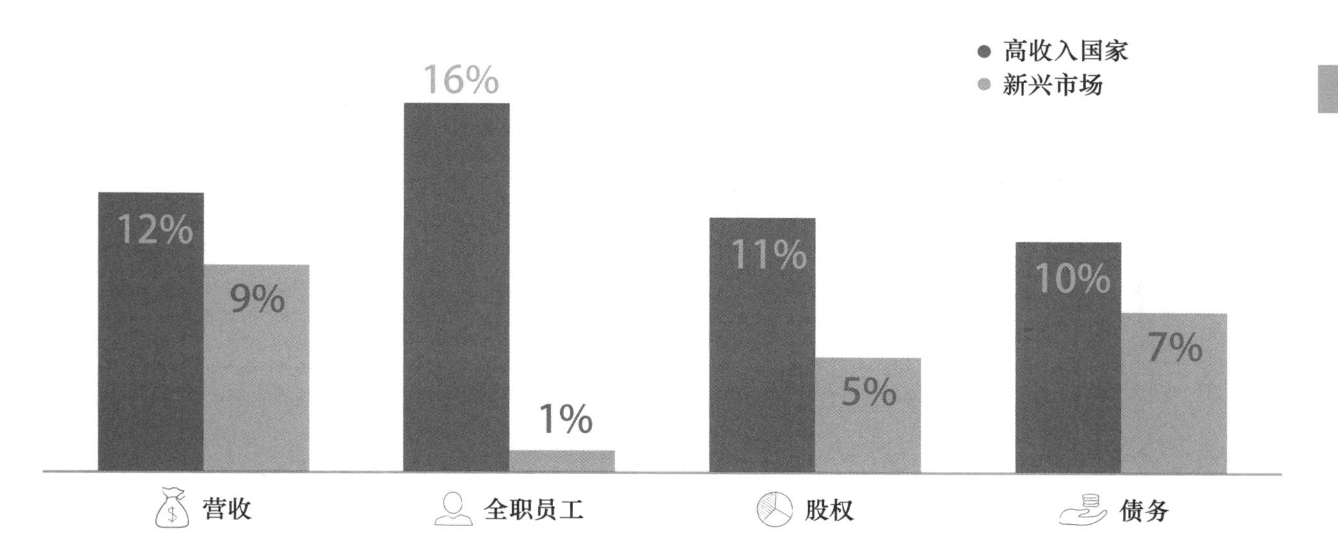

资料来源：《加速新兴市场初创企业成长：基于 43 个项目的观察》，全球加速器研究机构（Global Accelerator Learning Initiative，GALI，2017）。

注：1. 数据基于一项针对 43 个项目的研究。

2. 所有样本的合计百分比：营收（10%）；员工（7%）；股权（8%）；债务（9%）。

是否任何一个加速器项目都能帮助任何一家初创企业？是否所有的加速器项目都是有用的？

答案是否定的。那么，我们接下来会深入各项目内部，梳理出那些有用的因素，从而更深刻地了解加速器，即它们在什么时候有 / 没有助益，以及创业者是否需要加入加速器。

为什么针对特定行业的项目更好？

答案很简单：价值。将一个加速器项目分解成若干个活动，思考你希望从中获取什么价值。如果某加速器项目能为你提供更多的相关培训，帮你引荐更多的投资者和客户，那么它就越有可能帮你提升销售额 / 扩大影响力；由此，对你而言，它就越有价值。比如，如果你主要为楼宇生产物联网设备，那么专注于帮你搭建食品领域人脉的项目显然不会有太大价值；而如果该加速器项目能帮你与通用电气（GE）或霍尼韦尔公司（Honeywell）建立沟通渠道，那么该项目的价值将不言而喻。

好消息是运营针对特定行业的加速器项目是大热趋势，因此无论你身处哪个领域，都有可能找到适合你的加速器项目。这就是为什么 New Energy Nexus 专注于为能源行业的加速器项目提供支持——帮助它们利用特定行业内的联系，由相互引荐而形成关系网，并共享专业知识。

目前我（作者）本人正管理着两个全新的、针对特定行业的加速器项目：海洋技术加速器和相关基金以及碳技术加速器和相关基金。上述两个加速器项目的设计理念和合伙人管理流程都着眼于为初创企业创造最大化价值，即尽可能剔除所有的无价值内容。

“当不断有针对特定行业或问题的加速器项目出现时，就意味着一个健康、成熟的生态系统正在逐步建立。十年前，每个加速器项目支持的初创企业的行业分布几无差异：一家金融技术企业、一家女性卫生用品企业，其他的则研究太阳能照明、净水设备等。那时，任何一个行业或议题都没有足够的初创企业（等待加速），更不用说运营完整的加速器项目，来带动整体行业发展。但随着有更多的初创企业开始专注于解决某一特定问题，针对某一行业的加速器项目也不断涌现，比如 Uncharted 和全球清洁炉灶联盟（Global Alliance for Clean Cookstoves）。这些加速器项目鼓励行业内初创企业展开合作，帮助它们联系相关导师、投资者与客户。”

艾弗里·肯特（AVARY KENT）

联合创始人 @Conveners.org 和 Accelerating the Accelerators（AtA）

当机立断 OR 苟延残喘

失败相关的议题以及如何积极看待失败的能力始终处于当前世界的议论中心。而旧金山湾区 / 硅谷之所以能成为世界最具创新力和生产力的地方之一，且经久不衰，与该区域内盛行的有关失败相关议题的积极探讨不无关系。

加速器的运营哲学也参考了大量关于“失败”所带来的价值思考。尽管似乎与常理相悖，但许多研究表明，加速器常常可以帮助初创企业缩短（无效）寿命。如果你的企业注定要失败，那么有价值的加速器项目可以帮助你尽快完成整个流程。快速地结束这一并不运营在正确轨道上的初创企业，将使你有时间整理心情，重新上路，创造出全新的、更为成功的事业。

What Works Centre for Local Economic Growth 发现，不管与加速器合作的时间是长（加入加速器的时间长于 500 天）还是短（加入加速器的时间在 120 ~ 500 天），加速器都会缩短初创企业“死亡”倒计时的长度。该研究认为，这可能得益于加速器推出的“路演日活动”，在活动期间初创企业可以向投资者展示它们的想法、技术或产品。若初创企业未能在活动当天与投资者达成合作意向，那么其成功的机会将十分渺茫。最终，这会使它们加速“走向灭亡”；但同时，它们也能更早地“重获新生”。[2]

我（作者）也曾是一名创业者，在获得 MBA 学位后，我创建了一家名为 Cozmos 的公司。因此以个人经历而言，我认为加速器确实能帮助初创企业尽快结束“死亡倒计时”。那时，我们想出了一个有关群聊工具的创意，并认为它能与脸书（Facebook）和领英（LinkedIn）的群聊功能一争高下。于是，我们带着这个创意来到了 Mix & Stir 加速器。这款群聊工具的目标客户是拥有数百万成员的大型组织，如绿色和平（Greenpeace）。它们的共性是，几乎没有渠道供其成员认识彼此和自发组织活动。我们试图将所有的功能融入这款工具：页面、子页面、直接聊天界面、社会反馈收集。但 Mix & Stir 迫使我们排出优先级，并审慎确定客户群体、销售周期、客户终生价值［利润 × 保留率 ÷（1+ 贴现率 - 保留率）］以及我们最终要如何实现盈利。

过程虽然非常艰辛，但我们最终发现要真正使该创意落地并不容易，因为它的销售周期太长，而且客户是否愿意为我们的服务付费的调查数据也不太可信。另外，现金流也不足以支撑我们走得太远，所以我们最后不得不宣布放弃。尽管失败的滋味不好受，但在团队解散后，我们都各自在更成功的企业中找到了更适合自己的位置——这实在是一份意外之喜。在此，我要谢谢 Hiroshi 和 Mix & Stir 加速器团队，不仅帮助 Cozmos 尽快结束了它注定消亡的生命，也用一种温和的方式让我学会了成长。

2.《商业建议包：加速器》，地方经济增长有效推动力研究中心，2017。

以下是我给初创企业的三条建议：

1

创造价值，持续发展

这听上去很简单，但要做到却非常难，而且需要持之以恒的决心。如何创造价值已让许多创业者辗转反侧、夜不能寐，更何况他们还需要带领企业不停地创造价值并实现持续增长。大多数初创企业从来没有创造出足以支撑企业发展的价值；而即便它们做到了这一点，甚至生产出了符合市场需求的产品，也常因为各种各样的原因而无法存活或继续发展。

2

脚踏实地做好今天和明天的事情，而非幻想明年应该做什么

大多数初创企业都没有撑过一年，所以你需要在做好长远规划的同时，脚踏实地做好短期建设。产品如此，销售亦如此。实现产品/技术迭代和找到满足市场需要的产品/技术都需要时间，而闭门造车并不能实现这一点——请与客户多沟通。

3

不要害怕拒绝客户

你的客户希望你能解决所有问题，但通常情况下你无法掌控客户会提出什么样的要求，也不是总能遇上非常合拍的客户。曾经，我们的客户常因为我们不能满足一些奇怪的要求而拒绝购买我们的产品；但一年后，他们却重新找到我们寻求合作，即使此时的价格比一年前更高。每每想到此类事情，我都忍俊不禁。如果当时我满足客户所有的要求，我的公司可能已经关门大吉了。”

约翰·克拉克·米尔斯（JOHN CLARKE MILLS）

联合创始人和首席技术官（CTO）@ZENPUT

“如何选择正确的方向？其中一个秘诀是解决你感兴趣的问题。如果你对某个市场完全不了解或完全不感兴趣，那么你很难在该领域取得成功。

同样，如果你并不真正了解所需要解决问题的实质，你也很难真正有办法将其解决。

此外，如果你内心没有极其强烈的、想要解决某一问题的欲望，那你就无法在不确定企业什么时候能成功的前提下，坚持到曙光出现的那一天；或者经受建立一个初创企业/公司或推出一款产品所必需经历的跌宕起伏的过程。如果你不愿意在至少接下来的十年里为同一个想法殚精竭虑、倾尽所有，那么你最好另觅他途。因为当你产生一个创意时，你可能需要先花费数年的时间解决创意潜在的问题，对其进行深入地研究；然后花数年的时间不间断地改良产品；接着再花数年的时间销售产品，或不断扩张已经成功的领域。蓦然回首，往往已是十年以后了。”

埃里克·马茨纳（ERIC MATZNER）

生物黑客，未来主义者，创始人 @Nootroo

加速器是否有益于经济和世界发展？

让我们将目光从初创企业投向加速器本身，思考加速器是否对经济有所助益？这个问题与你息息相关，无论你在哪一特定区域内从事营利或非营利工作，你都需要负担生活成本支出，当地的经济发展将成为你考量的重要因素之一。

回到开篇的问题，我们的答案是：总体而言，加速器确实有益于经济发展。拥有加速器的地区会吸引更多种子轮和早期融资，从而给入驻/未入驻加速器的企业带来积极影响。各加速器项目常常会围绕某一行业亟待解决的问题建立生态系统并由此向外辐射形成创新网络，惠及各方，我们称之为“蜜罐效应”——项目吸引人才，盘活资金，凝结社区。当我们培训初创企业时，往往会建议他们严肃对待这种外部发展带来的内在进步，并将实现这种效应作为参与加速器项目的目标。在本书之后的章节中，我们会深入研究这种参考外部发展而制订的策略。

曾参与加速器项目的初创企业员工人数增长了 47%，而未参与加速器项目的初创企业只增长了 30%

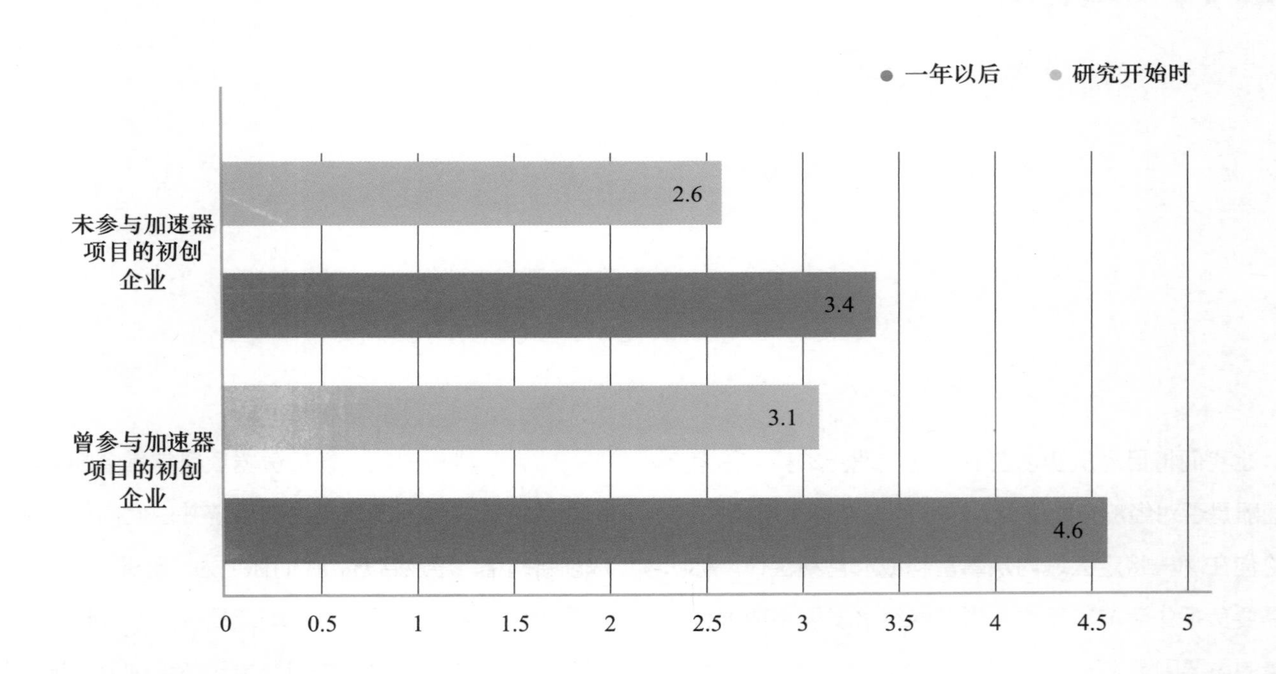

资料来源：《全球加速器研究机构的初步见解》，全球加速器研究机构，www.galidata.org/insights。

能否给加速器“加速”及相关质疑

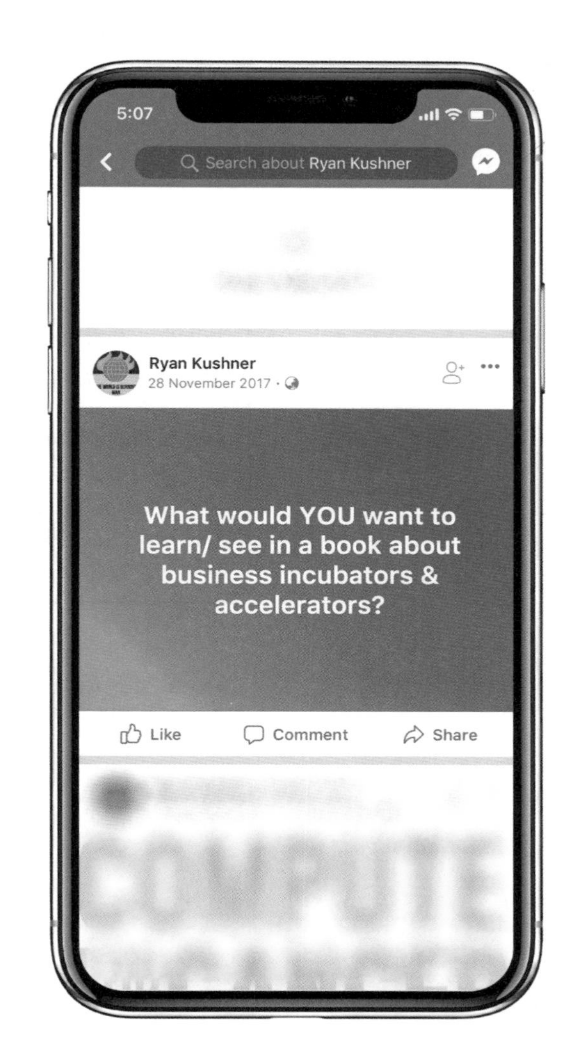

刚开始写这本书时，我曾在脸书（Facebook）上发起调查：你希望从一本关于加速器和孵化器的书中了解什么知识？我本以为会收到很多富有技术含量的回复，比如：最有价值的加速器项目有哪些？应该如何加入他们？但万万没想到，迎接我的却是大量的质疑。

亚当·斯迈利·博斯沃斯基：我希望你能诚实地告诉人家，加速器毫无意义，只会浪费初创企业/创始人的时间。列举一些加速器的名字，告诉大家为什么他们没有起到应有的作用，分析他们失败的原因。采访这些加速器的创始人，让他们对着镜头解释是什么让他们栽了跟斗。我想这个领域确实很火——每个人都想进来分一杯羹。但这并不代表每个人都应该创建一家孵化器/加速器。那么，一个成功的孵化器/加速器项目应具备哪些素质?初创企业创始人应该在什么时候选择加入一个加速器项目?因为在我看来，初创企业创始人在大多数情况下都不应该做出这样的选择。但创始人却认为，如果他们有机会入驻一个孵化器/加速器，他们就应该抓住这个机会。

14

赞 · 回复 · 7万

资料来源：亚当·斯迈利·博斯沃斯基（Adam Smiley Poswolsky）在脸书上给作者的直接留言。亚当是《四分之一生命的突破》一书的作者。

本留言经授权使用。

“不可否认，当前确实存在一些毫无意义的加速器项目。但如何找到适合的加速器项目才是创业者最常遇到的核心挑战。通常情况下，创业者只会向知名度更高、拥有强大（资源）搜索（search engine optimization，SEO）能力的项目提交申请。而这会导致初创企业和加速器之间（数量等级上）的不匹配：绝大部分初创企业涌向一小部分加速器项目，但这些加速器项目却只能接受一小部分企业入驻。

那么，一个成功的加速器项目通常应具备什么条件呢？我们认为至少应该包括：优秀的运营团队，强大的导师 / 投资者网络；有实践价值的培训课程，始终与技术发展、行业焦点密切相连；合理的加速器项目设计重心，强调在平时建立关系网，而非将全部精力用于准备路演日活动。”

艾弗里·肯特（AVARY KENT）

联合创始人 @Conveners.org 和 Accelerating the Accelerators（AtA）

尼尔-古伦弗勒：有些人认为政府应该向加速器提供支持，但我觉得除非所有纳税人都可以享受到由加速器创造的财富，否则政府不应该提供任何形式的支持或补贴，因为最终为此买单的都是纳税人。这些项目只不过是以牺牲纳税人利益的方式，让有钱人变得更有钱，这让人无法接受。

4

赞 · 回复 · 7万

尼尔 • 古伦弗勒：或者你能解释一下，为什么加速器能够存在吗？他们能给社会带来什么好处？

1

赞 · 回复 · 7万

资料来源：尼尔 • 古伦弗勒（Neal Gorenflo）在脸书上给作者的直接留言。尼尔是《共享城市：提高普通民众参与积极性》的作者。本留言经授权使用。

上述这些批评和质疑都来自哪里呢？现在全球有大量运营中的加速器项目，但其中高质量的项目并不占据多数。根据《哈佛商业评论》的数据，2008 ～ 2014 年间，美国境内加速器的增速达到了年均 50%。曾经这种增速是新加坡和硅谷这样的科技中心独有的现象，而如今已广泛地出现在世界各地。创业以一种前所未有的方式成为人人皆可参与的活动。但更低的门槛也意味着将有更多平平无奇，甚至滥竽充数的加速器项目涌进这个行业。

中国‘十三五’规划（2016–2020）指出，其将在 2020 年进入创新型国家行列，在 2030 年跻身创新型国家前列，在 2050 年建成世界科技创新强国。该文件也首次将加速器纳入了国家孵化器体系。

中国希望在 2020 年之前实现国内孵化器、众创空间、加速器的总数超过 10 000 家和海外中国孵化器、众创空间、加速器分支总数超过 100 家的目标。

据科学技术部火炬高技术产业开发中心消息，这些（加速器）项目预计将创造 300 万个就业机会和 2000 家上市公司。

——《中国孵化器和众创空间数量位居世界前列》，中国日报网，2017 年 9 月 9 日

正如世界第四大公用事业公司——东京电力公司（Tokyo Electric Power Company，TEPCO）风险投资部门主管、创业者杰弗里·查尔（Jeffery Char）所言，如果说创业界有什么是肯定存在的，那无疑是“假面舞会”。初创企业创业家们会参加很多觥筹交错、迎来送往的应酬。但在这些应酬上，你只会听到大量的吹捧（各大型企业 CEO 和创新部门负责人通常是被吹捧的对象），而不会得到任何对项目有实际意义的支持。

我们经常会听到诸如“无法与某家大型企业（或某负责人）取得联系”等抱怨。这很正常，可能你确实是受到冷遇了。但如果从加速器的角度考虑这个问题，你就会发现：加速器递交给大型企业的“引荐请求”数不胜数；而每一次引荐，加速器都要冒着自身名誉受到打击的风险。所以，请在向加速器提出此类引荐请求时保持耐心，证明你的价值，充分说明你值得被引荐的原因。

在初创企业向加速器提出引荐请求的同时，初创企业也需要自己先完成关于加速器项目的尽职调查（详细信息请查阅本书“如何发现并审查一个加速器项目”一章），与其他已完成加速器项目的初创企业沟通，评估机会成本。据我们观察，创业者之所以会在加速器项目中获得不好的体验，往往是因为期待值与实际情况存在落差，从而产生了失望与愤懑等负面情绪。

“确实，现在人们对加速器产生了疲劳。我觉得原因可能在于这件事实在太容易了。比如，你可以今天就成立一家加速器，向里面增加点内容，接着可能就会吸引一些初创企业申请入驻。但谁知道它能不能成功呢？要知道，成功需要你为之付出千百倍的努力，不停歇地完善、观察、细化所创建的模型。”

摩根·贝尔曼（MORGAN BERMAN）

业务发展总监 @Techstars（北美）

美国拥有的加速器项目数量（按产业投资重点划分）

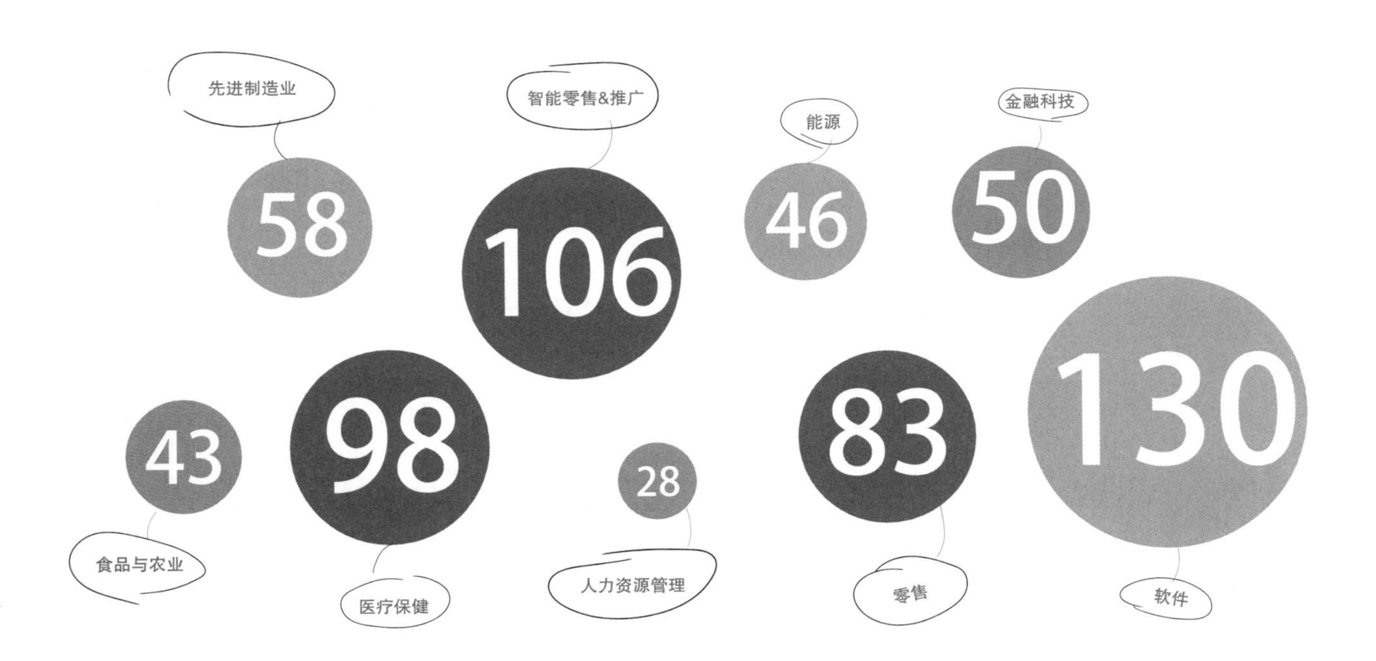

资料来源：Signals Intelligence Group 平台——《加州工具坊：创新领域的孵化与加速》，加利福利亚州企业孵化联盟（*California Business Incubation Alliance*），2016

1999 ～ 2013 年间美国孵化器和加速器的数量

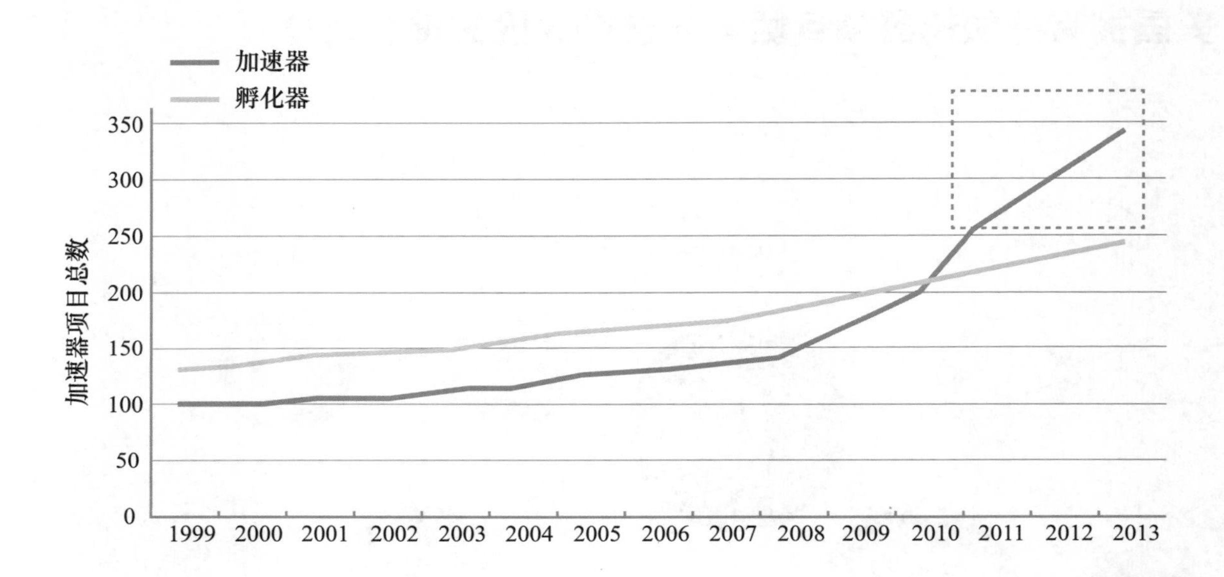

66%

投资入驻企业的加速器项目

44%

提供企业服务的加速器项目

46%

为入驻企业提供固定项目时长的加速器项目

32%

供联合办公空间的加速器项目

73%

提供共享设备的加速器项目

资料来源：Signals Intelligence Group 平台——《加州工具坊：创新领域的孵化与加速》，加利福利亚州企业孵化联盟（California Business Incubation Alliance），2016

全球总投资额：206,740,005 美元

被投资人：11 305 家初创企业

投资人：579 个加速器项目

地区	投资额
美国和加拿大	US$107,264,392
欧洲	US$50,124,145
拉丁美洲	US$24,186,330
亚洲与大洋洲	US$17,577,400
中东和非洲	US$7,587,738

地区	初创企业数
欧洲	3,701
美国和加拿大	3,269
拉丁美洲	1,795
亚洲与大洋洲	1,368
中东和非洲	1,172

资料来源：《2016 全球加速器报告》，Gust（2016）。

加速器项目的最终目的是否仅仅为了“过筛”？（增益性）

这个问题问得好。你当然有理由认为，所有加速器项目的目标都是筛选出最优秀的初创企业。这些初创企业应具有的共性是，无论从哪方面看，它们都一定会成功。如此一来，加速器项目方就能将它们的成功归因于己。

我们可以引入“增益性”这个概念来分析这种情况。增益性是指初创企业在加速器项目帮助下取得的实际成果与无外力干预就会实现的成就之间的差别。那么，是否存在低增益性的项目呢？即项目只能提供极为有限的培训、指导、投资等服务，答案是肯定的。

但即使项目所具有的增益性不高，也大可不必惊慌。你可不能低估（加速器项目）在尽职调查和项目筛选产生的认证作用——它将表明你值得信赖，而这正是对潜在合作伙伴和投资人发出的极具参考价值的信号。

因此，与其说此类项目帮助初创企业加速发展，不如说它是一种认证方式。但无法否认的是，这种“认证”的确有用，甚至还能帮助初创企业走向成功。因此，初创企业需要找到其中的平衡点。

有研究曾将初创企业按（行业、技术、产品等）相似程度进行分组研究，对比参与和未参与过加速器项目的初创企业之间的异同，以探究增益性问题的实质。尽管不是所有的加速器项目都为初创企业带来了切实的帮助，但顶尖项目确实能实现承诺，即选出优秀的初创企业，并利用培训和自身实力推动他们成长。

越南气候创新中心如何确定加速器项目拥有增益性？

“我们是越南唯一的一家清洁技术加速器，拥有强大的团队以支持入驻企业的发展。直接来自世界银行和越南政府的帮助使入驻孵化器的企业拥有了独特的竞争优势。我们非常确定，如果没有我们的帮助，这些清洁技术企业无法实现更进一步的发展，也不能得到更多的投资。”

阮田（TIEN NGUYEN）

商业化专家 @ 越南气候创新中心（Vietnam Climate Innovation Center，VCIC）
vietnamcic.org

如何判断加速器项目是否成功？

“
- 创造的就业机会
- 初创企业的销售额/盈利能力
- 初创企业募集到的资金
- 初创企业缴纳的税额
- 通过完整的供应链建设，增加偏远地区的收入并改善就业”

布尚·沙阿（BHUSHAN SHAN）

@NEPAL AGRIBUSINESS INNOVATION CENTRE
NABIC.COM.NP

与能源创业企业共同应对气候变化

2018年，全球能源体系正在经历一次彻底的变革。每隔5周，中国就会新增一批足够一个城市运营的电动汽车。在切尔诺贝利核事故遗址，一座太阳能发电厂刚刚建设完成。生活在亚马逊河流域的阿丘雅人开始使用太阳能水上巴士接送孩子上学。加利福利亚州在某些时间可以实现由可再生能源提供75%的电力；而此时，由化石燃料提供的电力不足1千兆瓦。2018年，德国更是短暂实现了100%可再生能源发电。而2017年，印度可再生能源发电量的增加量超过了煤炭；沙特阿拉伯则宣布了一个价值2000亿美元的太阳能项目。

与20世纪相比，全球能源体系在发电和交通运输领域发生了翻天覆地的变化。尤其是发达国家的公用事业和汽车行业，所经历的变化速度在这一个多世纪达到了顶峰。在南半球，超过10亿人首次有望从电力和现代交通中受益。

从数字上看，位于“经济制高点”的创造性具有非常惊人的影响力。

1990 ～ 2040 年间世界能源消耗（按燃料种类划分）

实际情况：美国能源信息署（Energy Information Administration，EIA）1990 ～ 2016 年数据和预测
图表和预测 @FSS_Au @ProfRayWilsl，于 2018 年 2 月 24 日更新。

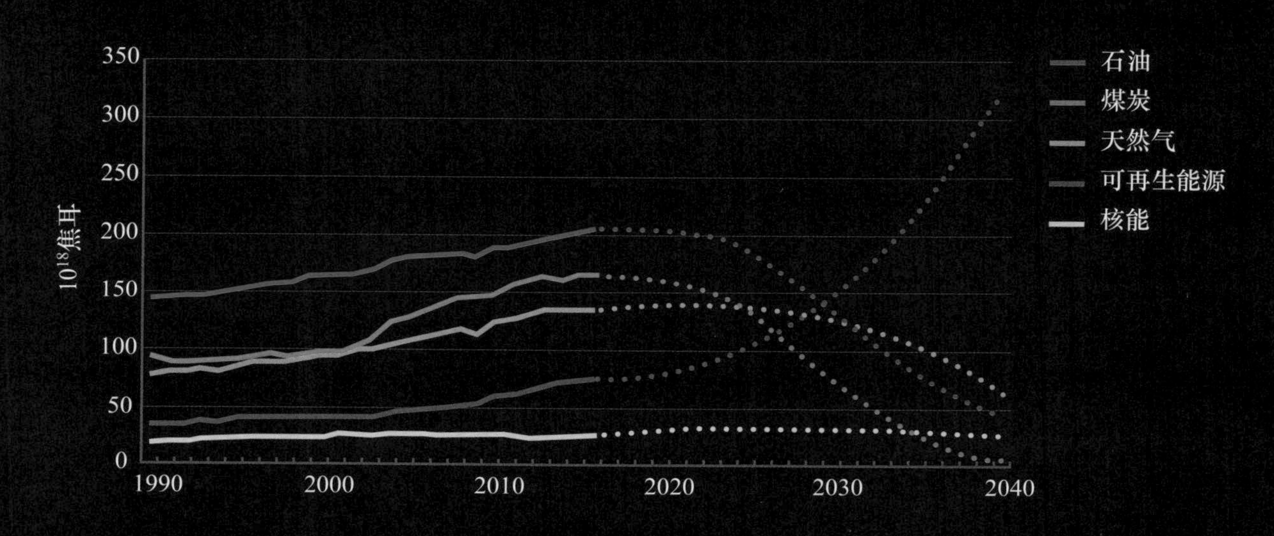

2017 年，清洁能源项目获得了 3000 亿美元的总投资，仅太阳能项目就获得了 1600 亿美元，而煤炭和天然气项目总共只获得了 1060 亿美元。这种分配比例，即清洁能源项目能获得的投资资金往往是传统能源项目的两倍有余，由来已久。

> *“如果你曾亲身参与能源转化项目，你就会知道所有的预测，特别是关于变化速度的预测，都是错误的。但亲爱的读者，你是否想过：我们应该如何加快实现这一切呢？这些变化曲线的总体方向或许没错，但我们需要做的是加快推进这一过程。”*

下一步，交通方式将向共享化、电动化、自动化、网联化（shared、electrified、autonomous and networked，SEAN）”的方向转变，从而逐步淘汰内燃机汽车，甚至实现公共交通全覆盖。比如，现如今摩拜单车、GenZe 电动车、Lyft、滴滴、优步、

但这些还远远不够。联合国的一项研究表明，可再生能源和节能措施可以帮助减少 90% 以上由消耗传统能源产生的二氧化碳排放，进而阻止全球增温达到 2°C 极限值。但与此同时，我们需要将相关技术的使用率相较于当前提高 6 倍。

加速终端能源体系的变化是我们这一世代人的使命。而决定创新速度和解决方案采纳率的关键因素之一就是创业者：其数量几何及其成功与否。

创业者和他们建立的初创企业形式、体量各不相同。比如，中国境内有许多大型工厂为电动汽车生产电池。德国开发者远程指挥着切尔诺贝利太阳能发电厂的运转。一位聪明的土著领袖花了很大力气为一艘独木舟安装了 30 块太阳能电池板和一个电动舷外发动机，向阿丘雅人证明他们不需要依赖石油。一位来自日本的金融家与沙特阿拉伯人合作，帮助他们推广使用太阳能等。

在全球范围内，初创企业和其他社会企业不断研发着新的发电和交通运输解决方案，为能源转化领域带来新的希望。

其中一些解决方案确实需要全新的发明，但多数情况下企业只需将现有的模式略作修改，比如以适应当地实际情况的方式安装一块太阳能光伏电池等。

金钱再次显现出它强大的力量。2017 年，数千亿资金涌入风能和太阳能领域，许多相关企业因此得以大幅推进自己所从事的项目。这些项目也随之创造了许多新的就业机会。但若想保持这种增长规模和速度，就需要更多的初创企业。而若想使这些初创企业取得成功，就需要为它们提供相应的支持和资金。

在前沿技术使用率提高6倍的前提下，能源转化领域所创造的年均价值将超过一万亿美元。但离开技术创业者，这一切将无从谈起。

如果想在可再生能源和节能等领域创造出1000家有能力推出新产品和服务的成功企业（价值10亿美元），我们需要成千上万、前仆后继的创业者不断做出新的尝试。在发展已趋成熟的流媒体音乐和移动通信领域，Napster（P2P文件共享平台）和诺基亚（Nokia）都不是第一个，也不会是最后一个行业改革者。这些行业若想创新、寻找客户、销售、融资、扩张，所需投资依然不菲。

可以想见，能源行业对投资的需求必然更加强烈。技术创新，寻找客户和合适的产品市场，建立并不断升级原型，完成第一笔订单，获得第一笔投资，找到合适的雇员等都需要大量资金支持，因此，全球能源行业创业者都亟需帮助，而本书则应运而生。

丹尼·肯尼迪（DANNY KENNEDY）

执行总裁 @ 加州清洁能源基金会

加速前进！

能源 / 清洁技术加速器有何特殊之处?

能源 / 清洁技术加速面临一系列特殊的挑战，但同时也将带来许多潜在的好处。若进展顺利，这些好处将一 一显现，比如通过减少或停止使用化石燃料直接缓解气候变化，而同时这些初创企业 / 加速器则可以融入全球体量最大、发展最快的行业（比如电力生产和输送、移动出行和电动汽车、水利产业、食品业和农业等）。

但专注于清洁技术的初创企业或加速器也应留意可能遇到的某些特殊挑战，其中包括：

投资者困境：体量越大，退出时间越长

大多数科技行业的投资行为与购买软件性质类似，即 3 ～ 5 年内可退出市场，且设备购买等行为的成本较为低廉。但投资清洁技术行业却大为不同。首先，投资跨度较长，即投资者往往需要等待 5 ～ 10 年才能收回投资额；其次，初创企业购买生产设备、认证、执行试点项目等成本昂贵，从而使他们需要更多的投资以维持运转。这种与常规投资行为的差异一方面使许多投资者打起了退堂鼓，但另一方面却帮助加速器发现了发展方向：寻找目光更为长远、实力更为雄厚的投资者，他们需能承受项目长期停滞带来的压力，并持续为其提供所需资金。随着能源行业变得更为数字化以及清洁技术领域的并购活动越来越常见（特别是在许多石油巨头再次涌入后），这种差异正不断发生着变化。但无论如何，该领域特殊的成本结构很有可能将维持原样。

真实的残酷世界，和老牌大企业

虽然能源与交通运输行业的数字化趋势以及逐渐宽松的监管环境也不断地创造着新的变化，但当前初创企业和加速器仍然面临着电力公用事业公司、交通运输、建筑及其他重工业巨鳄等拦路虎带来的压力。这些已经拥有上百年发展历史的企业已经成为了行业规则体系的一部分，而且受到相关的规则体系的保护。但考虑到它们不但负责全球电力网络，车辆和食品等生产和生活必需品，还承担着相应的风险，也不难理解为何会形成现在这样的局面。相对而言，规模较大的老牌企业更难快速响应创新需求，对开展新的实验更加谨慎，还常常会为新入行的初创企业人为增加发展壁垒。在这种情况下，法律或现有体系的明显缺陷才是初创企业和加速器的机会所在。比如，福岛核泄漏事故使政府无法再垄断当地市场；在此之后，东京电力公司加入了 Free Electrons 项目。一夕之间，它不得不与其他竞争者抢夺市场份额，从而刺激它不断推陈出新并与其他初创企业展开合作。

与现有产品竞争

除非你进入的是某个全新的领域，否则很有可能该领域已存在成熟的技术 / 产品 / 服务供应商。你是否使用过与 Alexa 类似的智能家居设备呢？它们的存在昭显了企业是否有责任感；因为若想与现有的服务提供商抢夺市场份额，初创企业势必需要更多的活力和独特卖点。

政策

清洁技术行业面临着一个特殊的挑战：政策壁垒，即相关初创企业往往因为缺乏政策保护而无法进入某些领域。想要出售特斯拉或其他电动汽车吗？想要在客户的电源箱上安装电能表吗？试想一下你可能会因此而需要与地方、政府、联邦等各级政府就安全法规进行的大量磋商，这绝对比上线一个新的手机 APP 更加复杂。我曾想与一些我能找到的最聪明、最有经验的太阳能专家一起，在加利福利亚州建立一家专注社群服务的太阳能公司。尽管这次创业完全合法，而且我们为此准备了数月之久，但最终还是不得不放弃。我们并不是第一批做此尝试的人：截至写作之时，加利福利亚州州内仍然没有专注社群服务的太阳能商用项目成功立项。这是因为此类项目必须向公用事业公司支付高昂的费用，才能使用其输电线路；由此大幅增加了其运营成本，最终导致难以为继。这就是清洁技术初创企业所面临的政策壁垒。

“能源初创企业之所以如此特殊，是因为能源对我们生活的影响超乎想象。从为苹果手机充电的技术到保护电网免受外部攻击的网络安全软件，能源以不同的形式参与着我们的生活。能源价值链覆盖范围极广；随着能源应用变得越来越清洁和去中心化，创新机会也会越来越多。相应的，能源初创企业也会与行业一起不断发展。

在此过程中，能源初创企业可能遇到的困难包括确定所有的行业利益相关者并理解彼此之间的合作方式。大型公用事业公司和大型能源企业发展较为缓慢，应用创新的适应能力较差。与之类似，政府通常也受限于其自身职能特点和机构设置，且推陈出新也不在其工作的优先列表之上。尽管如此，能源初创企业若想取得成功，则必须与这两者合作。

一旦能源初创企业了解了各利益相关者的运作模式，并摸索出了可能的合作方式，他们就能获得极大的影响力和长足的发展。与当地公用事业公司合作则会帮助这些能源初创企业进入、了解当地市场。”

张天隆

Free Electrons与 Powerhouse项目负责人
@NEW ENERGY NEXUS

“不管清洁技术能否得到政府、高校、私人企业（或彼此合作）的帮助，想实现市场化及规模化增长都不是易事。我曾经通过美国能源部大学生清洁技术比赛与能源部有过合作，也曾通过落基山研究所美国电力创新实验室参与过多个试点及示范项目。上述经历让我清晰地认识到了清洁技术市场化及规模化增长过程中可能遇到的困难和机遇。

清洁技术市场化过程中可能遇到的困难

以商品经济的思路推进市场化

大多数情况下，电力和能源供给也是经济活动。这意味着，当前电力市场上的运营主体大多已经设计优良，将成本降至最低进行运营以实现效益最大化。因此，新技术/新产品就需要花更多时间研究如何有效地降低成本，增强竞争力以实现规模化增长。

高成本试点项目

此前，清洁技术领域的创新活动大多属于资本密集型。尽管相关初创企业提供的产品/技术/服务已具有完备的化学或工程基础，但要找到愿意为试点项目提供支持的合伙人和投资者，仍然需要花费大量的时间和物质成本。很多清洁技术往往会在为其首个试点项目融资的过程中遭遇“死亡谷”。因此，相关加速器希望通过不懈努力，帮助初创企业平安度过这个危机，其中不乏成功（当然也包括失败）的案例。

制度壁垒

能源领域拥有众多实力雄厚、资金充足的企业，它们具备成熟的商业操作体系和强大的制度影响力，因此往往受到严厉监管。但，为保证提供成本低廉、安全性和普适性较高的能源服务，相应的监管机构宁可执行现有的监管体系，也不愿意进行实验性改革。与此同时，包括电力公用事业公司在内的被监管机构（通常处于垄断地位）也尚未能找到应对行业技术变革的最佳方案。许多情况下，这些监管机构和公用事业公司是否愿意参与推动清洁技术市场化，取决于他们作为上层决策者，是否愿意为初创企业提供一次机会——因为初创企业没有时间和资源独自推动变革发生。据我观察，当（技术革新/产品优化）机会出现时，很多监管机构和公用事业公司都愿意帮助落地该解决方案。

投资者的机会成本

简而言之，与资本密集型初创项目相比，软件初创项目可以更快地规模化发展，且利润率更高。能源和清洁技术领域之外的初创公司所带来的高速发展和高利润的可能性会大大提高投资者企业的扩张性和收入的上限。因此，当投资者权衡不同初创项目的利弊时，他们更倾向于选择（提供更高）上限的项目。

（清洁技术市场化发展）有何益处？

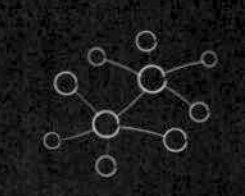

去中心化

经过百余年的发展，垄断性公用事业公司（水务、废弃物、能源等）已经变得高度垂直整合和中心化。而新技术的出现使更多的人有机会参与设计关键系统，并允许客户在这些分布式系统中获得更多的控制权和所有权。

建设更多有弹性的基础设施

“去中心化”同时也分散了风险。不管（能源基础设施）面临的所谓风险是来自网络攻击、电磁脉冲，还是极端天气，清洁能源新技术都能使相应的系统变得更加有弹性，即可孤立事故或故障点。

改变当前的垄断性商业模式

清洁能源新技术对当前接受监管的垄断性商业模式提出了质疑。将新技术和新服务融入现有业务，往往需要开发新的商业模式和管理制度，以便更好地满足公共和私人利益；而初创企业有助于使这种改变成为现实。

拯救世界

为建立更加弹性、较少依赖资源、更环保且成本较低的系统而进行的各种创新活动，旨在推动全人类和自然环境和谐共生、可持续发展。这不是一项简单的任务，但需要有人勇担重任。”

马克·希尔伯格（MARK SILBERG）

Elab 网络经理 @ 落基山研究所（Rocky Mountain Institute，RMI）
创始人 @Spark Clean Energy

“我们在肯尼亚运营着一家名为“Green Mini Grid”的项目，与世界银行和许多私营能源初创企业有过多次合作。期间我们遇到了诸多挑战，其中包括：

微型电网所面临的挑战：高昂的前期基本建设费用；对私营电网运营商不友好的政策，无法像电网一样获得补贴或签订长期合同，只能签订短期合同或者无法拿到补贴。

家用太阳能所面临的挑战：“限量支付”转向“即用即付”的付款方式，导致低收入客户难以支付费用，同时使依赖现金流的公司难以收集资金。高昂的进口税和廉价、劣质的产品充斥着市场，一旦产品出现问题，就会引发客户产生失望和怀疑。

总之，缺乏可靠的市场信息使投资者不敢轻举妄动，甚至使初创企业无法确定发展方向。另外，缺乏有能力的本地技术人才也是持续困扰相关初创企业的难题。

要想建立一家能源初创企业并取得成功，勇气、耐心、创造力缺一不可！创业团队必须克服由策略和行为变化导致的重重障碍。但从积极的角度看，在新兴市场，原本无法获得能源的人们不仅可以找到获取能源的方式，甚至还能利用这些能源创造更大的价值（比如建立小型公司以获取额外收入）。”

帕特丽夏·金－斯威尼（PATRICIA CHIN-SWEENEY）

高级合伙人及首席运营官 @I-DEV International

“能源领域正在经历根本性的范式转换。当前，拥有百年历史的垄断性商业模式正不断衰落，能实现电网独立和能源自给自足的技术已走入千家万户。公用事业公司未来如何发展取决于他们如何改变自己的运营模式，使之适应社会正逐渐转向清洁能源的趋势。我们何其有幸，能亲眼见证、亲身经历清洁能源正在成为未来能源体系最可靠、最具性价比的根本驱动的这一过程。”

克里斯多夫·约翰逊（CHRISTOPHER JOHNSON）

首席运营官 @Blue Planet Energy Systems，LLC

"能源行业是世界上体量最大的产业，并在理论上为所有其他行业提供运转所需的动力。研究、理解能源基础设施建设并为之提出具有技术创新性和实践性的解决方案是我始终专注的课题，也是目前我所遇到的最严峻的挑战之一。曾研究过宏观经济学、全球健康、全球政治的人只需略作思考，就能理解运用分布式、网络化可再生能源体系解决当前世界面临的诸多困难的可行性前景。然而，即使是那些知道如何应对各种挑战的人，也看不到理论与现实两者之间的差距。

所以，能源创业者可以借此机会，通过以下途径创造一些改变：

- 致力于实现一个愿景
- 深入研究、理解现行制度的运作方式
- 学习如何在该制度框架内经营企业
- 开发可持续、可规模化发展的解决方案
- 执行具有实践价值的规划

但能源行业创业者必须意识到，能源行业发展的时间维度与其他领域有所不同。比如，能源基础资产的开发周期为 10 ～ 40 年。公用事业公司以 10 年为一个周期制订项目计划，而相关项目可能需要 1 ～ 3 年的时间规划。这一切虽然并不容易，但这是我们适应当前行业，从而推动创新来关心地球的方式。”

瑞恩·瓦尔特纳（RYAN WARTENA）

主席及产品总监 @Growing Energy Labs，Inc.，GELI

“硅谷的成功让所有人认为基于风险投资的创业是一种可推广的模式，适用于所有初创企业；但实际上，这种模式只适合于推动某些成熟技术在特定市场的商业化，因此我们需要开发一个全新的模式来适应当前创新创业井喷时代的需求。”

格雷格·萨德尔（GREG SATELL）

《为何某些最具突破性的技术并不适合硅谷融资模式》
哈佛商业评论，2018 年 4 月 5 日

“清洁技术初创企业通常需要开发出实体产品。这意味着它们必须从概念出发，逐步建立实验室和生产原型，而后进行大规模生产。但是，只有极少数加速器和孵化器拥有必要的设施、资源、人脉以及最重要的多领域经验，可以手把手带领入驻企业完成上述流程。大多数情况下，加速器会与某个制造商合作，让后者帮助初创企业进行工业设计和生产。但是，这种合作方式在节省成本方面并无显著优势，且无法给予初创企业足够的设计独立性和控制权。

有些加速器和孵化器可以为IT、汽车、AR、VR领域的制造类初创企业提供相应从概念到原型的支持。但在清洁技术领域，由于收益不高，且无法及时实现资金回笼，现有的此类加速器和孵化器数量远远无法满足需求。”

拉詹·卡斯提（RAJAN KASETTY）

合伙人 @The 22 Fund
驻企执行官 @LA Cleantech Incubator
导师及裁判 @Cleantech Open

“成立一家初创企业并非易事。而如果这是一家清洁技术初创企业，过程将更为艰辛。

因为这些“闯入者”需要对抗的是一个已有数百年历史的行业，这里充斥着大量的垄断巨头、错综复杂的监管措施以及严格的技术要求。而且仅在起步阶段，清洁技术初创企业就需要筹措大量的资金。除此以外，他们也需要完成其他领域的初创企业在发展过程中必须完成的任务，比如建立自己的品牌，管理员工，寻找客户和市场。

但让清洁技术初创企业变得如此特殊的并不是他们所面临的挑战，而是创业者在面对如此多挑战的情况下，仍然取得了成功。这群人的初衷是让世界变得更美好，而不只是简单地想达成交易，赚取利润——它所拥有的强大前行动力实在让人惊叹不已。

他们所追求的是更为宏伟的目标，这也是吸引 Greentech Media 报道这群创业者背后的原因。在能源转型的过程中，我们眼看着有越来越多的初创企业获得了订单，也有越来越多的投资涌入了清洁技术领域——之前每一步的负重前行都取得了回报。我们很欣喜地看到行业在不断发展，但我们不能忘记这是一个需要聪明才智和昂扬斗志的事业。同时，我们需要时刻铭记，其核心任务是创造可持续发展的经济，以帮助清洁技术应用实现全覆盖。”

茱莉亚·派珀（JULIA PYPER）

资深编辑 @Greentech Media

“地球气候正在不断变化，这种变化趋势破坏了许多我们赖以生存的自然环境。一旦全球气温上升2C，地球可能会遭遇更多的极端气候，引起海平面上升、降雨量改变、珊瑚礁消失、海洋酸化等问题，甚至可能侵害食品安全，加剧贫困现象，迫使数千物种（包括人类）为生存而迁徙。

在2015年巴黎举行的联合国气候变化大会上，国际社会关于如何应对气候变化的协商终于迎来了转折点。全球所有国家首次取得共识，一致同意“将全球平均气温较工业化前水平，升幅控制在2C之内”。实际上，这意味着全球同意在未来三十年里，每十年均会实现温室气体排放减半的目标；且各国将逐步不再使用化石燃料供能。

但各国应对气候变化的行动方案并没有得到充分执行，离完成上述目标还有很大的差距。而且目前能源领域吸引到的投资远远不能满足遏止全球变暖所需。这一切使得大型企业、金融机构、国家和城市加快投资解决方案变得更加重要。这也是我们必须加速应用清洁技术的原因！”

斯蒂芬·亨宁森（STEFAN HENNINGSSON）

气候能源与创新高级顾问 @ 世界自然基金会（瑞典）

小型市场的处境更加艰难

针对加速器的研究发现，如果加速器项目位于“创业网络密集区”（即拥有更多早期投资者和投资者见面会以及完整的生态系统的地区）或拥有高财富价值的地区（如城市），那么它们更容易成功。这并不难理解，因为市场越大，其越可能具备创业生态系统蓬勃发展所需要的所有要素，比如大量的投资者、客户、合作伙伴。尽管小型市场没有上述优势，但它们可以另辟蹊径，发展本地市场，比如有针对性地开发某些行业或在当地寻找合适的合作伙伴。

Elemental Excelerator 就是其中的佼佼者。其总部位于夏威夷：这是世界上最偏远的地区之一，总人口仅有一百万左右。但 Elemental Excelerator 却是全球最好的清洁技术加速器之一。它是如何做到的呢？首先，Elemental Excelerator 与各大集团公司和当地公用事业公司等建立起了良好的合作关系。其次，它成功地将劣势转换成了优势：身处美国境内能源价格最高的地区，却使之成为创新的动力。从本质上来说，它的说辞无外乎“想拥有可以节省几美分的节能措施吗？在夏威夷，你能省的可不止这一点。所以来这里创业吧，你可以实现盈利、发展、扩张”。另外，夏威夷州对 100% 使用可再生能源的企业还有额外的激励措施。尽管身处传统意义上的“小型市场”，Elemental Excelerator 仍然利用特殊的本地资源和环境建立起了一个出色的加速器项目。

如果你想在某个新兴 / 小型市场创建（或正经营着）一个加速器项目，请思考：你有哪些优势？能获得哪些资源？

如果你所在的市场规模不大且无法在附近找到合适的加速器项目，那么可以考虑从线上项目中选择。比如，Y Combinator 推出了一项名为“初创企业学校（Startup School）”的开放式线上课程，其中有许多加速器（包括 500 Startups）会将相关培训内容发布至平台，供相关人员免费使用。

美国本土境内的孵化器和加速器

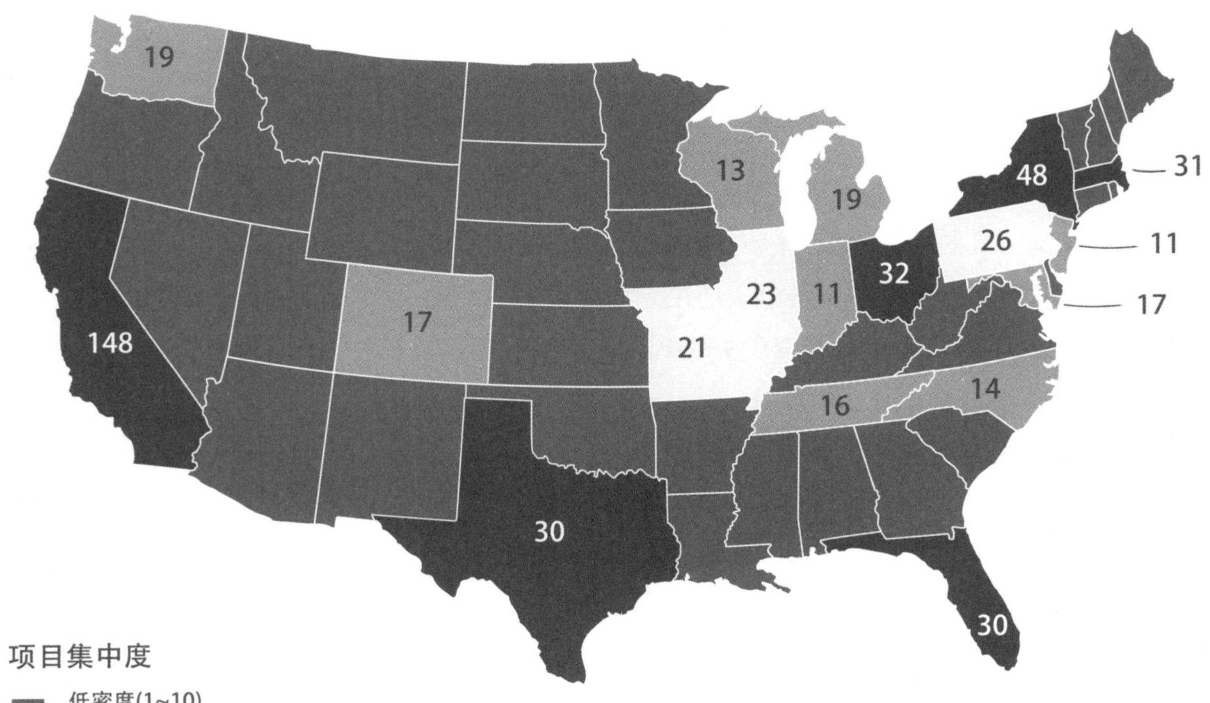

资料来源：Signals Intelligence Group 平台——《加州工具坊：创新领域的孵化与加速》，加利福利亚州企业孵化联盟（*California Business Incubation Alliance*），2016。

帮助女性和少数族裔克服创业障碍

是的，这确实是一个值得重视的问题。数据显示，女性风投家投资女性创业者的比例是男性风投家投资女性创业者比例的两到三倍；但考虑到只有 8% 的风投公司拥有女性合伙人，女性创业者实际获得的总投资数额比男性创业者更少。而在美国境内，只有不到 5% 被风险投资过的初创企业拥有女性高管，不到 3% 的初创企业由女性担任其 CEO。

在我看来，初创企业的理念就是颠覆传统、鼓励更多人创业；因此，创业领域出现女性创业者面临更困难的创业形势使我非常吃惊。但可喜的是，与广义的科技行业类似，加速器领域开始重新审视这个问题，并涌现出了许多针对女性和少数族裔的项目，比如创业者学院（Founder Institute）推出了女性创业者团体项目（Female Founder Fellowship），以及针对非洲裔和拉丁裔技术人员的非洲裔创始人项目（Black Founders）和代码 2040 项目（Code2040）。

为了进一步说明这个极其重要且由来已久的问题，我们邀请到了清洁能源企业家桑德拉 · 郭（Sandra Kwak）以及她所投资的 SheEO 的创始人薇琪 · 桑德斯（Vicki Saunders），一起针对这一问题展开讨论。

“在美国，尽管由女性领导的初创企业数量增长最快，但这些女性创业者在筹集资本的过程中仍然困难重重。根据《财富》杂志的报道，2017年，女性创业者得到的投资仅占风险投资总额的2%；《Inc.》杂志在2018年揭示了有色人种女性创业者面临更为严峻的形势：她们得到的投资仅占总额的0.2%。

但上述情况有悖于传统投资理论。根据First Round Capital的数据，与只有男性创始人的企业相比，63%拥有女性创始人的企业在获得投资方面表现更好。事实上，在2007～2016年间，有色人种女性总共创建了280万家公司。其中，80%女性创立的新企业中拥有至少一位有色人种创始人。但这些并不足以改变上述企业在获得投资方面的困境。之所以会出现这种情况，主要是因为风投公司缺乏女性代表，以男性为主导的风投公司通过无意识的偏见，逐渐形成了当前排斥女性和有色人种的投资模式。2017年，《哈佛商业评论》报道称，有女性合伙人的风投公司相较于男性主导的风投公司，更愿意投资拥有女性管理者的初创企业（34%，13%）；同时，前者投资拥有女性CEO初创企业的意愿约是后者的四倍（58%，15%）。

针对上述情况，包括 SheEO 在内的组织并没有选择改变女性思维使之适应现有的体系，或者扭转投资市场现状，而是创造了一个更利于女性企业家发展的环境。SheEO 是一个颠覆传统的生态系统，旨在为女性创业者提供支持，助其融资、扩大其影响力。SheEO 于 2015 年在加拿大成立，它以自己的方式帮助女性发展，最大限度地激发她们的潜力。经过精心设计，SheEO 模式希望通过创新、民主的程序来吸引、评估、筛选和支持女性创业者。这是以关注女性权益为重点来创造的全新价值体系。

该模式在每一轮招募初期共招募 500 名女性（她们被统一称为助力专员），每人捐助 1100 美元，被称为“纯慷慨行为”。这笔资金将以零息贷款的方式拨给五个由助力专员选出的女性领导的初创企业。它们的商业模式、产品和服务须能够切实可行、创造盈利，并推动世界前行。贷款须在 5 年内还清，以保证资金池的持续累积，为更多初创企业提供借贷，推动一代又一代的初创企业成长。这 500 名助力专员实际上也是最初五家被选中企业的发展团队成员，她们可以成为前期客户，还可以分享经验，提出建议，更可以使用其自有关系网络推动初创企业发展。SheEO 希望此模式最终能招募到 100 万名助力专员，建成 10 亿美元规模的全球基金。

SheEO 创始人薇琪·桑德斯（Vicki Saunders）在白皮书中写道：“我们需要更多的女性创业者，她们能在保证公司盈利的同时，也朝着‘将世界变得更美好’这一目标不懈奋斗。”（请访问 sheeo.world 获取白皮书全文）。

SheEO 身体力行地实践着圣雄甘地的号召：改变世界，从改变自己做起。

令我倍感骄傲的是，我创建的 10Power（www.10pwr.com）是 SheEO 的投资对象之一。10Power 始终致力于为全球缺少电力的地区提供可再生能源。我们开发并资助商用太阳能项目，与当地安装商合作，推动项目落地发展。在海地，10Power 为许多帮助儿童的非政府组织（Non-Governmental Organization，NGO）和净水中心提供太阳能设备。

净水中心有助于预防霍乱和痢疾，为周围社区的民居、学校和超过 600 家微型企业（大多数由女性领导）提供干净的水源。可再生能源是获得净水、发展技术和教育、鼓励初创企业进入全球市场的基石之一。我的目标是为当地人民开凿一条使用可再生能源的发展之路，当然这条道路也应为我们带来一定的盈利。”

桑德拉·郭（SANDRA KWAK）

首席执行官 @10Power
成员及代表 @Echoing Green

“有色人种女性只能得到0.1%的风险投资。但正如投资者丹马克·韦斯特（Denmark West）所言，利益战胜偏见。除非我们能证明投资（有色人种）女性创业者回报颇丰，否则这不会成为风险投资市场的主流趋势。”

娜塔莉·莫利纳·尼诺（NATHALIE MOLINA NINO）

首席执行官 @BRAVA Investments

《飞跃：女性创业者的全新革命》（*Tarcher Perigee*，2018）的作者

当我在纽约拜访我的挚友萨莎·米尔斯坦（Sasha Millstein）时，有幸在她家的书桌上见识了初创企业评估表。这意味着这些企业有可能得到37 Angels的投资（37 Angels是一家专注培养女性投资者的组织）。

“我之所以创建37 Angels，是因为我想以创始人的身份将之发展为我理想中的投资网络；同时，我也希望以投资者的身份将之打造为我愿意为之做出贡献的天使投资组织。我们会提供为期一个月的一对一培训营，以及为期八周的线上培训，带领投资新人亲身体验完整的交易流程，从而帮助他们快速成长。

未完待续

简而言之，我们的秘诀在于“共情”。这其中已经形成了一个良性循环。不断有创始人向我们推荐其他创始人（及其初创企业），而其中部分被推荐者投资表现非常优秀。相互促进，我们的交易流也因此得到了改善。

- 我们很高效：从听取候选企业自荐到做出投资决定，我们设定了一个为期四周的时间表。而且我相信，我们是唯一有类似时间表的天使投资机构。
- 我们专注于初创企业：37 Angels 里超过半数的投资人曾经也是初创企业创始人（37 Angels 是我建立的第四家初创企业）。
- 我们透明开放且颇有助益：我最自豪的是，我们倍受初创企业创始人推崇；其中，75% 推荐加入 37 Angels 的甚至并不是我们的投资对象。
- 我们对待初创企业创始人的方式不仅适应他们的需要，而且合乎情理。
- 即使在不打算投资的情况下，我们也能为候选初创企业提供帮助：我们会尽快做出决定，并就此与其创始人沟通交流，提供相关融资建议。
- 如果我们确定不进行投资，那么候选初创企业会在决定出炉后 15 分钟内得到通知：我们不会像其他投资人一样，总是告诉初创企业“现在下决定还为时过早”。

初创企业创始人获取投资的流程如下：

- 初创企业创始人通过 Gust 提交申请；之后我们会与创始人进行时长约为 20 分钟的电话沟通；在此期间，创始人会知道我们是否有意进一步接触。
- 我们会在一周内通知创始人是否能进行自我推介。
- 创始人自我推介；之后，我们会用四周时间进行尽职调查。
- 在尽职调查结束后（即自我推介后四周内），创始人会收到最终的投资决定（投资金额通常为 5 万～20 万美元不等）。

我们能为投资者带来的增值服务：

- 交易流：经过精心设计，我们的交易流真正做到了精准有效。每年我们会考察 2000 家初创企业，但仅有极少数表现最佳者会获得我们的天使投资。
- 业绩表现：迄今为止，我们已投资了 50 家公司；投资组合内部收益率跻身风险投资基金前 20%。
- 教育体系：我的日常工作与（风险投资者的）教育有关。作为哥伦比亚大学商学院的首席创新官，我深知自己理想中的天使投资机构需要以持续不断的学习为核心理念。所以，我们不仅开发了投资新手训练营（37angels.com/bootcamp）来培训新入行的天使投资人，还定期举行月度午餐会和学习会，讨论比特币、数位素养、风险投资中的数学计算等话题。”

安吉拉·李（ANGELA LEE）

首席创新官 @ 哥伦比亚大学商学院（Columbia Business School）
创始人 @37 Angels

“加利福利亚州在全球推动能源发展、制定气候政策和技术创新等领域的领导地位毋庸置疑，但尽管如此，州内许多社区仍然无法使用清洁能源。因此，我们希望在推动能源创新的同时，也能使缺乏能源服务的社区受惠于清洁能源。为实现这一目标，我们将公平这一准则纳入加州可持续能源企业家发展计划（CalSEED），使之成为其中一个关键要素。CalSEED 由加州能源委员会（California Energy Commission）资助建立，旨在推动能源创新。我们为处于种子轮融资阶段的初创企业提供高达 60 万美元的非稀释资本。而通过评估企业在下列领域中的表现，我们得以筛选出拥有多样性和包容性的投资对象：

CalSEED 项目筛选的公平准则：

鼓励申请人多样性

我们保证申请者中不仅有小型企业、女性/少数族裔企业，还有来自弱势、低收入、LGBTQ、乡村、退伍军人等群体建立的企业。

CalSEED 项目带来的公平准则：

支持公平的清洁能源解决方案

我们通过清洁能源投资帮助低收入群体发展，为其创造更加健康的环境，降低基本生活成本。另外，CalSEED 项目还鼓励创业者以最弱势群体为对象，开发普惠大众的能源解决方案。

未完待续

我们鼓励这样的项目：

- 旨在帮助缺乏能源服务的社区及重污染社区改善空气质量。
- 优先考虑清洁能源和可持续需求（比如，由社区拥有并运营的能源项目、位于低收入社区的低成本能效项目）。
- 丰富弱势/低收入群体获取清洁技术和能源基础设施的渠道。
- 为重污染社区创造健康的生活环境和经济机会。
- 在整个项目开发过程中，鼓励弱势/低收入群体参与社区共建。”

谢莉·皮特曼（SHERRI PITTMAN）

总经理@加州清洁能源基金会（CalCEF）及加州可持续能源企业家发展计划（CalSEED）

获得孵化器项目支持的人群分布情况

重点支持人群	百分比
普通人群	69%
高校学生	12%
拉美裔	9%
女性	9%
非洲裔	8%
社会创业者	7%
低收入创业者	6%
美洲原住民	4%
青年人	4%
外籍 / 非本国创业者	3%
其他	2%

资料来源:《创建包容的高科技孵化器和加速器:鼓励更多女性和少数族裔成为创业者的策略》，摩根大通（JPMorgan Chase & Co.）与建造有竞争力的内陆城市倡议（Initiative for a Competitive Inner City，ICIC）（2016）。

注:由于孵化器的重点支持人群种类有所重复，因此总百分比不等于 100%，摘选自《企业孵化行业现状 2012》，Knopp，L.（2012），美国企业孵化器协会（National Business Incubation Association），第 12 页。

应该加入加速器吗？

我预感，这本书很有可能帮你找到这个问题的答案。我也是创业者，我也曾好奇我会遇到什么样有趣的投资人，是否需要使尽浑身解数才能博得它们的青睐，也曾因为要与陌生人相处而略感焦虑（但我常宽慰自己：没人能比我聪明！）。我也曾与很多初创企业一起探讨这个问题，帮助它们梳理前因后果、做出最终选择。接下来，让我们按照由一般到特殊的顺序展开分析。

一般情况下，我会鼓励初创企业不要瞻前顾后，加入加速器吧！正如“加速器真的有用吗？”一节所分析的那样，加入项目确实能带来诸多好处。尽可能选择最好的项目，再借其之力全速发展自己的企业——创业者的不屈不挠，全神贯注和全心奉献会成为“撬动地球”的支点，改变一切。在运营加速器项目时，我无数次亲眼见证了：最投入、最有野心的初创企业往往能取得最大的成就。但知之非难，行之不易。在决定是否加入项目之前，需要考虑诸多因素。接下来，我们会借助加速器决策衡量表进行具体分析。

加速器决策衡量表

加入加速器项目的理由	融资	试想一下，加入项目对投资总额/发展空间带来的积极影响。当然，尽管融资确有裨益，但不是决定初创企业的生存发展的唯一尺度
	结识其他投资者	这很重要。询问加速器项目方，其名下有哪些投资者？能邀请哪些人参加路演日活动？另外，你还可以与曾参与过该加速器项目的企业交流，或寻找项目曾举办过的路演日活动和其他活动的宣传单/邀请函/签名墙活动背景板
	结识客户	在 B2B 领域，这一点尤其重要，因为客户是初创企业安身立命的根本
	培训技巧	从公式“工时 × 效率/策略”（包括心理健康/压力）的角度思考，理想状态下，创业者在离开加速器项目时往往已经成为了一个更加成熟的领导者、策略家或雇员
	顾问	加速器项目可以指导创业者避开陷阱，并为其引荐更多的客户和投资者。但请牢记，项目在帮初创企业进行资源引荐时，一方面可以为自身积累社会资本，但同时也承担着以自身名誉担保的风险
	同伴	有助于创业者建立自己的人脉网，寻找潜在的合作伙伴和雇员；还有益于创业者稳定情绪，减少孤独感
	认证	加入声誉良好的加速器项目可以从侧面证明创业者对创业的认真态度。这有助于初创企业建立关系网，获得融资等
	其他因素	如加速器项目的声誉，曾参与过项目的初创企业实力、导师体系、行业特殊性，以及你愿意为发展企业所做出的努力都是额外的影响因素
不加入加速器项目的理由	让渡股权	这确实是个值得深思熟虑的影响因素，但请理智地权衡利弊
	浪费时间/增加机会成本	请预估你将花费在加速器项目上的时间，包括项目周期、申请所需时间、往返/搬迁至新工作地点的时间等
	无效建议/缺乏认同感	你是否有可能从加速器项目中得到无效建议，甚至被引入歧途？回答是肯定的。因此，请仔细审查加速器项目、其后续追踪记录、项目雇员

资料来源：《加速！清洁能源技术的超有趣指南！》

加入
加速器的
理由

融资

现金是金融界得以发展的能量之源，通常也是影响创业者是否加入加速器项目的最重要因素之一。第三部分“融资与拨款”会具体讨论相关问题，但其重点关注的是让渡股权以换取投资和无需让渡股权即可获得投资两种模式。

传统的现金转股权模式有多种形式。有些加速器项目会划定一个区间，再根据具体情况确定股权让渡比例（如 Elemental Excelerator 的股权让渡比例区间为 1% ~ 6%）。有些加速器会确定一个统一的股权让渡比例（如 Techstars 为 6%，Y Combinator 为 7%）。而与澳大利亚 EnergyLab 类似的加速器项目则会根据加速模式，要求入驻企业让渡从 1.25% ~ 10% 不等的股权。

现金转股权模式的原理是什么？创业者又能从中得到什么呢？如果你即将与加速器谈判，那么应该如何确定让渡股权的底线？这些问题给考虑加入加速器项目的创业者造成了极大的困扰——至少我确实曾为此辗转反侧，夜不能寐！在获得 MBA 学位后，我决定带领我的创业公司 Cozmos 入驻加速器。那时，我制作了一张详尽的表格来比较不同加速器项目要求让渡的股权比例，以确保我不会在加入项目时吃亏（但在入驻加速器后发现，我并没有为自己争取到最大权益，因此又重新与加速器进行了谈判）。

Seedstars 和我的做法类似，但它更为细致：它比较了 44 个加速器项目，这些项目要求的股权让渡比例 3% ~ 22% 不等，能提供最低 1 万美元、最高 15 万美元的现金。在仔细对比所有加速器项目后，Seedstars 发现：如果扣除项目费用，每家入驻的初创企业每让渡 1% 的股权平均能为项目产生 5700 美元的利润；如果不扣除项目费用，这些股权平均能产生 10 500 美元的利润（最低值为 800 美元，最高值为 35 000 美元）。不管是即将与加速器项目谈判，还是仅仅想确定自身让渡股权的底线，这些信息对创业者而言都大有用处。但同时，创业者也需要谨记：初创企业所处的地理位置，所在的行业和成熟度都能影响上述数值。所以，在比较时，请尽量选择与企业关系密切的加速器项目。

除此之外，许多谈判最后都会落实到如何利用初创企业的特殊优势来降低风险（至少要比其他竞争对手的风险更小）。如果已建立起成功的团队，那么是否也设置有退出机制？是否拥有专利技术？如果有，是否已利用专利获得了订单？募集到的资金是否超过平均水平？提姆 · 费里斯（Tim Ferriss）在谈及交易时常说“越不在乎，越能获胜”。因此，初创企业应拥有多个备选加速器项目，并具备随时中止谈判的底气。

那么，何谓项目费用？有些加速器项目会在接受企业入驻时收取一定费用：如果加速器不会为企业提供投资，那么该笔费用将由加速器直接收取；如果加速器会为企业提供投资，那么该笔费用将从投资额中扣除（这种方式可能会夸大，但至少不会损害企业的估值）。

总而言之，在思考投资和拨款这一因素时，请综合考量加速器项目能创造的发展空间和其在初创企业发展过程中占据的时间。Seedstars 认为初创企业应将加入加速器项目看作能在一年内产生三倍回报的投资；但这不过是其主观看法，各初创企业完全可以根据自身需求做出合适的决定。

结识投资者

这是大多数加速器的基本功能之一。而且由于只有在结识足够多、足够优质的投资者的基础上，才有可能真正获得投资，因此创业者需就此进行深入研究和思考。融资离不开创业者的聪明才智：你要想方设法为自己的企业找到合适的合作对象（即扩展交际圈，与更多的人交流），搭建愿意为你引荐和提供担保的社会关系网（如加速器）。询问加速器，其名下有哪些投资者？能邀请哪些人参加路演日活动？另外，你还可以与曾参与过该加速器项目的初创企业交流，了解其投资者的相关情况。查看项目此前曾举办过的路演日活动和其他类似活动，访问相关网站，留意邀请函和签名墙背景板上的投资企业标志，以便了解有哪些投资企业认可该项目。

结识客户

如果初创企业面对的是 B2B 市场，那么这一点更显重要。加速器为初创企业引荐的客户，会为初创企业带来现金流，帮助其找到投资，鼓舞士气。更有甚者，初创企业可能会由此开启兼并之路。勇敢一点。询问加速器，它们的关系网中是否有人会成为你的潜在客户（你可以借此机会考察对方是否了解你的业务，甚至反思你是否了解自己的业务）。归根结底，客户是初创企业安身立命的根本。

培训技巧

好的加速器项目会教会你许多技能，帮助你有序、有效地运营初创企业，使你更有安全感，在面临危机时更为冷静——这些都是加速器项目能带来的积极影响。从公式“工时 × 效率 / 策略”（包括心理健康 / 压力）的角度思考，理想状态下，创业者在离开项目时往往已经成为了一个更加成熟的领导者，策略家和雇员。

顾问

顾问的好坏能影响初创企业的命运，决定其究竟会关门大吉还是鹏程万里。虽然我们曾听到过很多关于顾问毫无作为的抱怨，但大多数创业者仍然肯定了顾问的价值，认为他们之所以能获得投资、吸引顾客、完成收购，顾问功不可没。你不能轻易低估加速器顾问团的潜力，因为它可能会帮助证明初创企业的能力，推荐对其感兴趣的合作伙伴，支持创业者，帮助创业者躲避陷阱，拓展人脉关系网。

同伴

与其他创业者成为同伴将是绝佳的体验。你可以向他们倾诉烦恼，也可以与他们共度欢乐时光。但除此之外，你们可能还会共享交际圈，初创企业雇员（包括财务人员）会在彼此的企业间流动，甚至你可能会成为其中某位同伴的雇员（或某位同伴成为你的雇员）。你的同伴越有能力、越精明、越开放，你越能从中受益。这就是所谓的“朋友圈决定未来”。总之，同伴有助于创业者寻找潜在的合作伙伴和雇员，缓解创业压力。

认证

加入声誉良好的加速器项目可以从侧面证明创业者对创业的认真态度以及初创企业的潜力。这有助于初创企业建立关系网，获得融资等。由于投资者和合作伙伴总是希望可以便捷地评估创业者和初创企业，因此获得某广受信赖的加速器（或客户、投资者）的背书无疑是一块极具价值的敲门砖。

加速器项目的声誉，行业特殊性，创业者投入精力的意愿

在考虑是否应该加入某个加速器项目时，以上这些因素都会影响创业者的决定。并且，若其中某个因素的作用力过于强大，那么最后的结局可能会因此完全不同。关于行业特殊性，可以，以我现在所运营的 Carbontech Accelerator 为例，在全球范围内没有其他与我们类似行业的加速器，这使得相关初创企业需要经过漫长的申请才能入驻；但另一方面，一旦企业申请通过，加速器能提供的特殊服务（包括经验丰富、眼光独到的顾问）会极大地增加企业的含金量，吸引更多投资者和合作伙伴。这些都将我们与其他综合性加速器项目区别开来。如果入驻企业能力非凡、潜力巨大，且创始人会为之付出全部心血，那么无论加速器项目本身是否具备特殊优势，该企业都能脱颖而出，成为闪亮的新星。最后，关于加速器项目的声誉：项目自身为发展所做的所有努力，包括品牌和声誉建设，都能让入驻企业受益匪浅。但需要注意的是，“声誉”是非常主观的概念，而且可能会随着时间的流逝而逐渐衰败。

加入加速器项目有何益处？！

“能体现产品/服务所带给客户真正价值的广告词远比靠耍小聪明、随机抄袭得来的更出色；找到“夺人眼球”的广告词吧，因为你将会发现合适的用语所带来的积极影响绝对“物超所值”。

有些靠抄袭得到的广告语乍看上去还不错，甚至还可能给人留下这个企业聪明有趣的印象，从而让企业产生自己的广告词绝妙无比的错觉。但实际上，它们不过是些粗制滥造、空洞乏味的复制品，不会为产品/服务带来实际的好处。它看上去像是广告宣传，但由于使用的语言没有承载产品/服务真正的情感和经济价值，因此实际上并没有向目标市场传达有用的信息。

品牌受众的真实诉求是什么？企业应该在弄清这个问题的基础上，再尝试找到营销的正确解决方案。想象你的产品是一块香皂，它能洗净身体，使肌肤变得光滑，而且留香时间长。那么相应的广告词可以写作：丝般顺滑，芳香洁净。如果将香皂替换成真正的产品，比如地源热泵、数字货币首次公开招募（Initia Coin Offering，ICO）咨询公司、豆类美食，也可以利用上述步骤寻找最适合的广告词。

好消息是，谷歌内容实验、脸书 A/B 测试和 Mixpanel 等工具可以帮助你发现广告点击率背后的秘密。说实话，只要你能想到一个足够吸睛且符合产品价值的广告词，你可以只花费一千美元，就能实现与两万美元别无二致的点击率。”

杰弗里·戈德史密斯（JEFFERY GOLDSMITH）

营销策略家

“曾参与过我们加速器项目的初创企业说，推动它们成长的重要原因之一，是这里营造的“创始人氛围”无处不在。而且这些创始人都锐意进取，总能提出新的想法和解决方案。”

凯特·马纳拉克（KAT MANALAC）

合伙人 @Y Combinator

“如何将想法变成现实？我的建议是：

1. **明确目标**。从最终目标和愿景入手：清晰简洁地描述你想要做什么，以及一旦成功，将会给世界带来什么改变。

2. **明确计划**。计划可以以金字塔为框架：顶部——为实现最终目标，最重要的策略是什么？中部——确定 3 ~ 10 个最重要的年度目标，以将上述策略落地。底部——将年度目标分解为季度指标和成果，然后再细化为一个个能够操作实施的具体任务。

3. **明确内心的想法**。将伟大的想法变成现实确非易事。你需要找到内心深处真正的动力和指路明灯：它们会帮助你走出低谷，战胜自己。保持身心健康——通过冥想，瑜伽，舞蹈或其他方式培养“不以物喜不以己悲”的心态。你的想法有可能会（当然也有可能不会）成功，但与其担忧结果，不如享受为之奋斗的过程。”

贾斯汀・罗森斯坦（JUSTIN ROSENSTEIN）

联合创始人 @Asana

最终目标
策略
企业目标
业务目标　产品目标　内部目标
主要成果
具体项目

在撰写本书时，我打算列出一些极具创意和洞察力的创业者。而脑海中浮现出的第一个名字就是凯西·芬顿（Casey Fenton）。或许在读者看来，凯西最知名的身份是“沙发冲浪”（Couchsurfing.com）的创建者（“沙发冲浪”是一个提供给旅行爱好者与冒险家分享、交流、互动的国际性网络平台）。但除此之外，他还创办了 Mast.ly：这个工具可以帮助创业者追踪员工表现，并协助他们制定股权奖励计划。他虽然天资聪颖，但始终坚持学习和自我迭代。我曾有幸与凯西共事：我不得不说，与他在一起工作非常有趣。在某个工作日的夜晚，他在我们位于毛伊岛的创业基地举办了一次开放式聚会，要求所有前来参加的人都必须“身着”人体彩绘。派对结束后他曾说：“这真是一次充满活力的团队建设活动”——而事实也的确如此。

那时，我带着 Mast.ly 加入了 Founder Space，并支付了 5000 美元——我们不仅需要加速器的各项培训课程，还想充分利用它的社群效应。加入加速器有利于团队建设，因为所有成员可以在一起学习成长，共同体验一段非凡的经历。我身上担负着五个创业团队成员的希望，我们想与伟大的人一起创造新的辉煌。在我看来，若想推动企业获取成功，创业者需要具备三种技能：

1 情商

首先是领导力，其中情商（Emotional Intelligence，EI）是基础。这是你在带领企业发展的过程中必须具备的能力。在与他人沟通时，你需要同时了解你与对方的情绪状态，因为这会影响沟通的效果。而沟通是否顺利，70% 仰赖于你的情商高低。

2

合作理论，也称博弈论

你或曾听闻“囚徒困境”，了解合作者/付出者和背叛者/收获者之间的关系悖论。从本质上看，博弈的设计初衷（你的产品）决定了博弈的结果。它可以变成互相倾轧的角斗场，也可以成为团结合作的舞台，创造出“1+1+1=5”的共赢局面。创业者无疑想要实现的是后者；而沙发冲浪正是基于这种理念诞生的产品：它是一个基于人们的互信，并能创造价值的项目。

虽然直觉告诉我们合作共赢更有益于企业发展，但明确这一点并落实到行动上才会真正发挥出它的价值。我曾就该问题接受过《付出与收获者》（Givers and Takers）的采访，也推荐读者阅读这本书。

3

游说心理学

物以稀为贵这种根深蒂固的观念，和大脑中一种叫“杏仁核”的组织往往会影响游说的效果。由于你游说的对象（包括投资者）接收了大量良莠不齐的信息，所以他们并不一定能判断你所分享的创意的价值。在这种情况下，他们不得不借助一些小窍门。通常情况下，他们会首先考察创业团队：询问自己是否相信他们能成功？其次，他们会思考交易过程带来的主观感受——但这一点很少被谈及。物以稀为贵是其中主要的影响因素：我是否即将失去这笔交易？我是否会错过一个有潜力的机会？如果投资者感觉交易很容易达成，或随时都能重启交易，那么他们可能会认为这笔交易不那么紧急，也并没有那么重要。过去，我在游说时往往表现得非常和善，态度也较为温和；但人们却因此认为我的创意价值不大。而现在，尽管我仍然会和善地游说投资人，但也学会了营造物以稀为贵的产品设定，比如设定我所接受的投资额门槛或限制投资者的考虑时间。结果证明，这些举措能更有效地推进交易进程。因此，我鼓励所有创业者在游说过程中妥善地使用这种方式。”

凯西·芬顿（CASEY FENTON）

创始人 @ 沙发冲浪（Couchsurfing.com）

加速器项目能带来的好处

加速器项目能带来的潜在好处	平均值（数值越低，说明好处越重要）
与潜在合作伙伴和客户建立关系网	3.31
结识潜在投资者 / 资助者	3.44
行业专家组成的导师团队	3.48
获得直接投资（如拨款或投资）	3.58
业务技能提升（如金融和营销技能）	3.92
结识志同道合的创业者	5.03
社会认知度与公信力（如与公众认可的项目的联系、媒体曝光度）	5.05

请思考：上表罗列了一些加速器能提供的典型潜在好处。请根据实际情况，按其对初创企业发展和成功的重要性重新排序。

资料来源：《埃默里大学创业数据库项目：2016 年年终数据总结》，戈伊苏埃塔社会企业（Social Enterprise @ Goizueta）和阿斯彭：企业家发展网络（Aspen Network of Development Entrepreneurs，ANDE）（2017）。

初创企业：除股权投资外的其他成长路径

成长路径	优势	劣势
自我发展	不用让渡股权或背负大额债务	增长速度可能会十分缓慢 难以获得外部建议
银行贷款	不用让渡股权	很难在尚未盈利或没有担保的情况下获得银行贷款
缓慢起步（指利用咨询项目获得前期投资）	不用让渡股权 可以获得新的知识产权	没有直接顾客，因此较难获得反馈 可能会偏离整体目标 通常取决于初创企业的产品 / 服务是否适应区域性需求
政府资助	不用让渡股权	审批流程过长 可能需要搬迁办公地点，或满足其他附加条件 工作汇报流程往往受官僚主义影响严重
朋友 / 家人投资	到账速度快	情感压力

资料来源：《创业工厂：崛起的加速器项目——支持新技术企业的新生力量》，保罗·米勒（P. Miller）和柯尔斯顿·邦德（K. Bound）（2011），内斯塔（NESTA）讨论稿第 29 页。

不加入加速器的理由

让渡股权

通常情况下，这是创业者拒绝加入加速器最重要的理由，但其背后的出发点却有好有坏。据我观察，感情因素在其中扮演了很重要的角色（即人们更倾向于考虑相对价值，而非绝对价值）。因为很多人，尤其是初次创业的人，难以接受与其他人共享自己亲手建立的企业。我完全能够理解创业者们的心情，但我认为他们应该更加客观地看待这个问题。考虑到即使只拥有一点股权都好过一无所有，因此我建议创业者们在保持警惕的同时，以开放的态度对待这个问题。

浪费时间 / 增加机会成本

如果你很在意加速器项目的质量或其能为你创造的价值，那么这一点将变得尤其重要。有些加速器项目耗时很短，可能你只需要花费 10 ~ 15 天（不包括旅行时间）就能结业。而另一些加速器项目，比如 Techstars，则需要耗费整整 90 天（不包括旅行时间）。这其中的差异很重要：项目持续时间长短确实会影响初创企业的发展。试想一下，如果没有参加项目，你可以用这些时间完成多少其他事——换言之，你的机会成本有多高。尽管这是假设（不过在其他平行宇宙，这也有可能是事实），因此你确实需要将其纳入考量范围。

无效建议 / 缺乏认同感 / 现状

我听过不少这样的故事：创业者们在加速器项目进行过程中一时不慎，就着了无效建议的道。虽然这并不常见，但我们还是需要提高警惕，以防万一。不管什么时候，创业者在收到建议后都应审视其出处，并牢记卡尔·萨根（Carl Sagan）的名句：石破天惊的主张需要非同凡响的论据支持。简而言之，无效建议确实会给创业者们带来困扰，因为他们可能会因为各种原因（比如试图取悦合作伙伴或投资者）而忽视验证建议的有效性。但创业者也无需过虑，因为大多数加速器都将入驻企业当做同一战壕的战友，只是想帮助后者更好地发展。

来自 TECHSTARS 的“股权返还保证”

在本书撰写的前期调查过程中，我与摩根 · 贝尔曼（Techstars 北美地区业务发展总监）和艾敦 · 阿贝尔勒斯（Audun Abelsnes，Techstars 能源部门总监）进行了交谈。Techstars 每年会推出近 40 个加速器项目，覆盖几乎所有你能想象得到的领域和垂直行业，而且这些项目的表现都极为出色。因此，我针对其“股权返还保证”做了一些研究。

下面是相关细节（摘录自其官网）：

- “股权返还保证”允许入驻企业以当年的售价重新买回部分 / 全部由 Teachstars 购买的股权。
- 入驻企业可在项目结束后的任何时候执行“股权返还保证”（若项目有路演日活动，企业通常会在活动当天执行该计划）。
- 但在下列情况下，“股权返还保证”将自动提前终止：① 在签署参与本项目《意向书》后，入驻企业累计收益超过 25 万美元的融资（股权、可转换票据、未来股权简单协议或其组合）；② 入驻企业被并购或被收购。

如何找到并甄选加速器项目

创业者应该如何找到加速器项目，并鉴别其是否值得加入呢？我们有如下建议：

1 列出清单

使用以下资源

全球加速器研究机构（galidata.org/about）

New Energy Nexus（newenergynexus.com）

来自Conveners.org的加速器筛选工具（Accelerator Selection Tool）（accelerator-selection-tool）

Gust（accelerator_reports/2016）和谷歌（Google）

2 缩小范围

你喜欢出差吗？若要加入加速器项目，你是否需要出差（长途/短途）？根据初创企业所处的领域和发展阶段剔除不合适的加速器项目。思考你的客户是否能理解？

3 与曾参加过该加速器项目的初创企业交流

就我的经验而言，曾经参加过某加速器项目的企业会坦诚地评价这段入驻经历——前提是他们确定这些评价不会为外人所知。所以创业者应该尽量找到与自身企业背景类似的且参与过加速器项目的企业，与他们建立良好的关系，争取获得一些内幕消息。

4

使用加速器决策衡量表

利用本书提供的“加速器决策衡量表”所罗列的所有相关项。在研究透彻并有了想法之后，再做出决定。

5

一旦做出决定就不要后悔

在头脑清明的前提下，理智地做出决定；而一旦决定了，就不要后悔。这么多年来，我还没有发现任何后悔可以产生积极结果的例子。

还是不清楚在加入加速器之前会经历些什么吗？那么请阅读保罗·豪伊（Paul Howey）的经历（内含大量细节）——他决定参加 Techstars 的面试，却最终放弃入驻的心路历程：

“作为一名领导者，你有责任去质疑那些要拿走你公司一部分股权去交换他们认为有价值的东西的人。这不是一个简单的股权投资问题。Techstars 声称，他们真正的价值在于他们提供的一切。既然如此，提出问题或表达你的担忧，理应不会使加速器感觉受到冒犯，甚至变得具有防御性。但如果加速器的表现却恰恰如此，那么你基本可以确定这个机会是否真正有价值。即便加速器声称他们能提供有价值的服务，也不代表事实的确如此。”

詹姆斯说了两次“谢谢，但是不必了”

与詹姆斯・帕尔（James Parle）的访谈，来源缪尔数据系统（Muir Data Systems）

詹姆斯所创建的缪尔数据系统，是一个为风力发电行业提供现场服务的软件。想象一下这个画面：技术员们手拿 iPad 维修巨大的风力发电厂——这就是詹姆斯所研发这一软件的应用场景。他还曾参与过多个加速器和孵化器项目。比如，他曾供职于 Greenstart——这是一家位于旧金山的清洁技术加速器，可惜目前暂停运营。而最近，他以创业者的身份收到（也拒绝）了许多孵化器和投资者伸出的橄榄枝。

让詹姆斯狠心拒绝的原因在于“条款”。例如某孵化器要求他每月支付 500 美元的企业入驻费，并在 21 个月内让渡 5% 的股权。另外，这个孵化器还希望他能（免费！）提供就业机会以完成雇佣少数族裔员工的指标。但詹姆斯最担心的是这家孵化器并不能为企业引荐相关的人脉，真正提升企业的价值。

他也放弃了很多可能的投资交易。一家投资集团在 AngelList 上发现了詹姆斯的公司，希望能以 200 万美元的资金换取他公司 30% 的股权。他原本打算接受交易，但随即产生了怀疑：“尽管已经走完相关法律流程，但两家公司价值观的差异却越来越明显。”具体来说，投资者不仅希望能控制人事任免权，还提出要分批支付投资——这意味着詹姆斯需要承担投资方随时撤资的风险。于是，他拒绝了这笔并不划算的交易。

詹姆斯的决定正确吗？除非能让时光倒流，让詹姆斯再做一次不同的选择，否则我们不可能知道答案。我们能做的只是先完成背景调查，再下决定，而且不要后悔。我们还可以告诉自己：你的决定已经帮你躲过了许多灾难——这种想法会让你（更加）理智。

03

加速器“面纱”之下的构成

接下来，本书会深入探究项目的运转模式，从头至尾梳理整个流程，详细地介绍所有关于加速器的信息。在此过程中，我们会列举大量的案例，使创业者得以站在加速器的角度理解、思考问题；使项目管理者（或潜在的项目创建者）有机会借鉴其他项目的最佳案例。

我们制作了一张图表——“加速器生成器”，囊括了所有与项目创建有关的活动和结构。你可以在相关章节末尾找到空白的生成器：它可以帮助你设计自己的项目。最后，“如何创建一个加速器”一章将拆解加速器创建的过程，并教你如何一步步建立（或重建）项目。

加速器生成器

1. 供应链建设 / 市场推广、公开招募 如何找到合适的初创企业	**2. 尽职调查** 如何审查和筛选初创企业	**3. 加速器项目运营** 如何运作加速器项目	**4. 后项目阶段** 核心项目结束后会发生什么?

管理、领导力、关键业绩指标:如何决策?如何判断加速器项目是否成功?

商业模式:加速器项目如何支付成本?

生态系统建设 / 利益相关者:加速器如何发展自己的聚焦领域?

资料来源:《加速!打造清洁社会的超有趣指南!》

第 1 步：供应链建设 / 市场推广、公开招募

不管是什么加速器项目，其安身立命的基础都是建立一条初创企业“供应链”。这条供应链能有效地将创业者 / 初创企业变成加速器项目的内部资源，使之融于后者的客户关系管理和其他体系。一旦加速器项目拥有了“白名单”，并启动了申请流程，那么就可以联系相关初创企业，吸引他们申请入驻。鉴于供应链建设 / 市场推广、公开招募在本质上并无差别，因此本书将它们合称为“第 1 步”。

在开放申请后，大多数加速器项目并不会守株待兔，等待初创企业自行申请入驻——他们会主动出击，尽可能多地接触潜在的优质申请者。申请的初创企业越优秀，那么加速器项目的发展就会越好；申请初创企业的数量越多，那么加速器项目的选择余地就越大，同一批次入驻的初创企业类型也会更均衡。

在我们曾合作过的加速器项目中，建立供应链、联系初创企业已成为不少加速器项目的日常：他们通过多种途径，包括网络搜索、参加会议、他人（如企业，导师和合作伙伴）推荐，认识了成百上千的初创企业。即便是已经位居行业前列的加速器项目，也在努力获取更多的优秀申请者。

下面列举了一些最有效的吸引初创企业的方式：

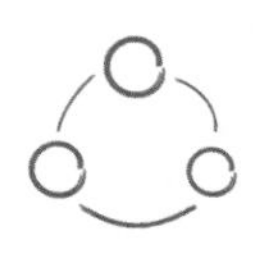

人脉关系网 / 个人推荐

大多数加速器项目都非常依赖自己拥有的人脉关系网。由于推荐人通常对初创企业和加速器项目都比较了解，所以这或许也是加速器项目最信赖的获取申请企业的方式。我曾供职过和担任过顾问的加速器项目，无一例外都最大限度地挖掘了私人 / 项目人脉关系网，以期能发现优质的初创企业。

合作伙伴

“嘿，你知道在蓄电池储能领域有哪些处于种子轮的优秀初创企业吗？”“嘿，我们刚刚开放了申请平台。你能帮我们向你认识的企业宣传一下吗？”这些对话随时都在上演——加速器项目之间会帮忙互相宣传，引荐相关的初创企业。通常而言，这是一种有效且双赢的方式。因为具有直接竞争关系的加速器项目毕竟是少数，而且各加速器项目能容纳的入驻企业数有一定上限，所以总有初创企业落榜。

社交媒体 / 广告

加速器项目会在脸书（Facebook）、推特（Twitter）、报纸、合作伙伴的邮箱和传统媒体等平台上投放广告。根据相关经验，尤其是从成本投入的角度分析，脸书是最有效的广告平台：来自目标受众的网站点击花费约为 3 美分 / 次。

活动

加速器项目可以利用的活动包括公开课程、演讲、聚会——在这些活动上，他们可以获取更多的邮箱地址，得到更多的关注，吸引导师、投资者、潜在的团队成员等。这背后的逻辑是，如果加速器项目能获取更高的知名度，就能吸引更有实力的申请企业。同时，创业者在参加活动时也应注意言行举止，以免给同在现场的加速器项目方留下不好的印象。

请选择最有效的三种市场推广方式

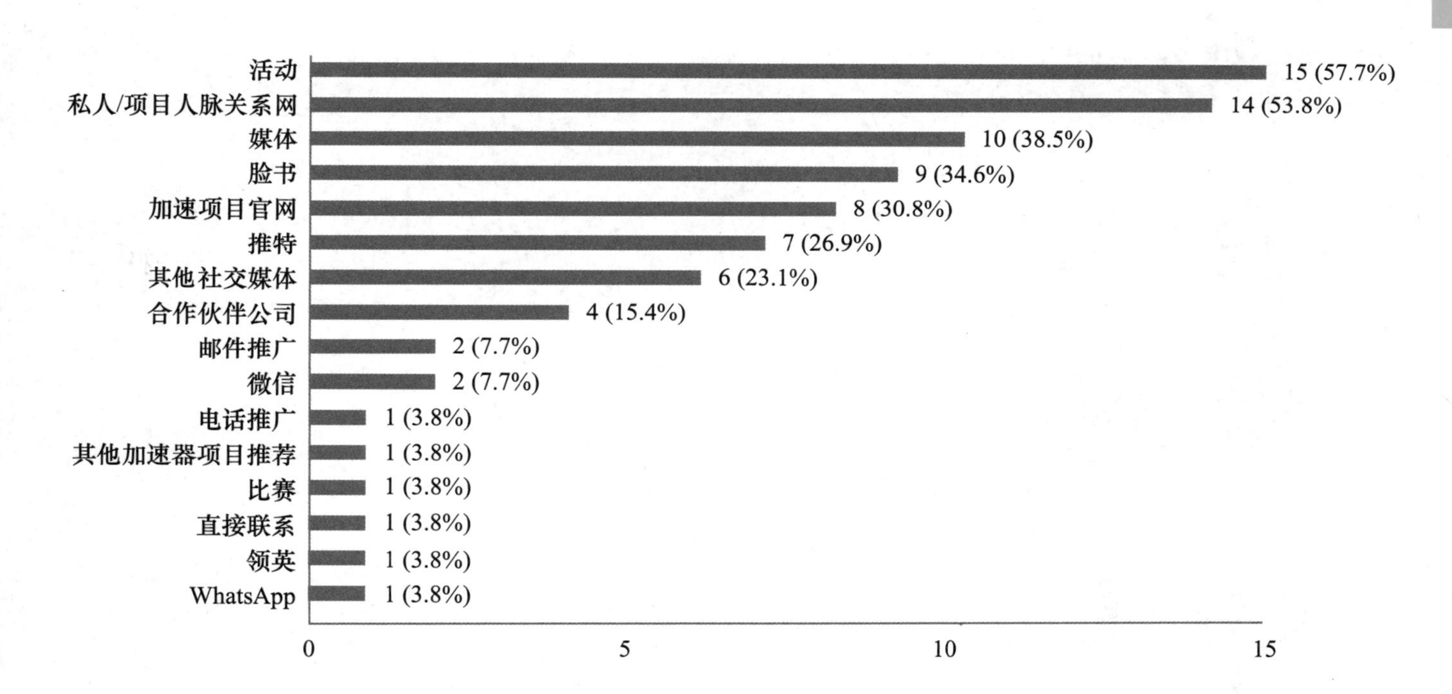

资料来源：基于《New Energy Nexus 调查》，2017 年 11 月。

注：调查对象为分布在美国、亚洲、非洲、中东、欧洲、印度和澳大利亚的 32 家清洁能源加速器，共 26 份回答。

2017年，Free Electrons招募初创企业的方式如下：

1

确定目标

在国际公用事业公司和合作伙伴确定加速器项目宣传范围后，相关方共同设定市场推广目标并制定宣传策略。过程中我们考虑了以下因素：应宣传什么内容？频率——应多久发布一次内容？渠道——应如何联系创业者？

2

内容为王

为描述加速器项目的独特性，我们制作了可在社交媒体发布的广告标语、推文，提炼出了加速器项目的主要卖点/价值定位，拍摄了宣传视频，采访了公用事业公司和加速器合作伙伴。

3

工具

我们知道合作伙伴资源是加速器项目的关键资产，所以开发了共享营销工具，并将之分享给了公用事业公司营销团队和其他合作伙伴，以借助其媒体渠道获得宣传项目的机会。我们的网络资源覆盖了超过100家的清洁能源组织、孵化器和加速器。在宣传开始后，我们会不断地与合作伙伴联系，确认宣传情况。每个初创企业都会接触到很多加速器项目，因此我们必须始终保持一定的曝光度，才能增加成功几率。

4

传统媒体

我们会通过传统媒体平台、科技博主和能源领域活动家向外界宣传加速器项目。比如，《赫芬顿邮报》《纽约时报》和《福布斯》等老牌媒体能使加速器项目的可信度显著提升。

5

邮件推广

我们会通过邮件订阅工具来管理受众；在官网设置“一键订阅”，增加订阅量。

6

时差

我们会根据订阅者所处的时区，在最合适的时间发送宣传邮件。细节决定成败——类似这样的小事往往能创造很大的不同。

7

广告

针对硅谷和特拉维夫等聚集了大量清洁技术初创企业的市场，我们专门制作了针对此类市场的脸书广告。

8

会议

我们专门安排了时间与对加速器项目感兴趣的初创企业会面，鼓励他们提交申请。另外，在申请过程中，我们也向需要更多帮助的企业提供了必要的支持。

9

跟进

跟进、跟进、跟进，我们会持续为初创企业提供帮助，直到他们明确拒绝为止。有时候加速器项目必须要舍弃一些利益。

10

专注目标

随着申请截止日期一步步邻近，我们会集中精力联系最有实力的候选企业。

11

倒计时

我们会制作倒计时广告标语发布到社交平台；或向订阅者发送倒计时邮件。

在流程结束时，我们的加速器项目已经焕然一新，接到了全球共计400余份申请，并最终跻身一流加速器项目之列，距离成功一步之遥。”

张天隆（ANDREW CHANG）

Free Electrons 与 Powerhouse 项目负责人 @NEW ENERGY NEXUS

“重点在于关注市场机会的质量，而非数量，还要清楚你要寻找哪种初创企业。

你永远不可能真正了解市场。不管加速器项目针对的是水务、农业、交通、能源还是其他领域，最重要的是了解人们的真正痛点是什么，他们愿意为什么付费，他们在哪些方面想要但还没有得到解决方案。而我们很了解自己的市场，这正是我们建设供应链的优势所在。”

道恩·利珀特（DAWN LIPPERT）

创始人及首席执行官 @Elemental Excelerator

“招募企业入驻的三大最佳渠道是活动、脸书和邮件，而最有效的推荐者则是曾参加过加速器项目的初创企业和导师。各项目应该尽早联系自己的伙伴网络，借助它们的力量寻找合适的初创企业。”

特雷弗·汤森德（TREVOR TOWNSEND）

首席执行官 @Startupbootcamp Australia
Startupbootcamp.org

“对 Global Cleantech Innovation Programme（GCIP）而言，招募企业入驻最有效的方式包括：

1. 来自孵化器和各种大赛的推荐——他们都希望能帮助相关初创企业进一步发展
2. 来自加速器项目伙伴网络的推荐（如导师）
3. 来自不同国家/地区合作组织的推荐
4. 包括推特、脸书和领英在内的社交媒体（但根据各国国情不同，效果略有差异）

其中的关键在于：与合作伙伴展开有效合作，利用所有伙伴资源来提高创业者的成功几率。正如古谚语所说：

众志成城

合理利用合作伙伴的力量非常重要，不仅能避免重复工作，还能在一众加速器和孵化器中脱颖而出。因此，除支持精心挑选的初创企业以外，我们的国际项目越来越注重推动不同国家/地区合作伙伴及更大规模的生态系统发展。”

凯文·布雷思韦特（KEVIN BRAITHWAITE）

全球项目副总裁 @Cleantech Open
cleantechopen.org

请列举三种招募企业入驻的最佳方式。

“我们与商业日报等纸媒建立了年度合作伙伴关系，在全国范围内寻找合适的初创企业。通过广告等宣传手段，我们吸引了12万初创企业申请入驻。我们也为初创企业和创业者提供导师指导服务和投资。仅在申请阶段，我们就有600名导师参与。

1. 社交媒体推广

在推特，脸书，博客，谷歌等社交媒体平台投放广告。

2. 与科技大V合作

借助科技大V强大的粉丝网络，推广加速器项目。

3. 路演

举办了四场路演（德里，班加罗尔，海德拉巴，孟买），每场活动持续1～2小时，随后还有相关讨论会。”

昆瑙·阿帕德海耶（KUNAL UPADHYAY）

@PowerStart（印度）
infuseventures.in

“如今，在各种各样帮助我们结识新的初创企业的方式中，最常见的是由曾参加过加速器项目的初创企业引荐。

最开始，大多数人知道 Y Combinator 是通过创业者发布的内容，比如保罗·格拉哈姆（Paul Graham）的文章和杰西卡·利文斯顿（Jessica Livingston）的《工作中的创始人》一书。延续这一传统，现在我们依然会为初创企业提供大量的资源：分享资源指南和最佳实践，举办免费的创业课程，所有这些资源都可以在线上平台免费获取。我们一直在思索：位于发展初期的创业者最需要什么资源？他们应该了解什么内容？在找寻答案的基础上，我们不断完善资源内容，再将其分享给创业者们。

值得注意的是，我们拥有一套开放式申请流程：在我们资助的创业者中，有超过 60% 的企业从未与 Y Combinator 合作伙伴或曾参与过 Y Combinator 项目的初创企业交谈过。”

凯特·马纳拉克（KAT MANALAC）

合伙人 @Y Combinator

加速器项目曾培养过的最成功/明星企业来自哪里？

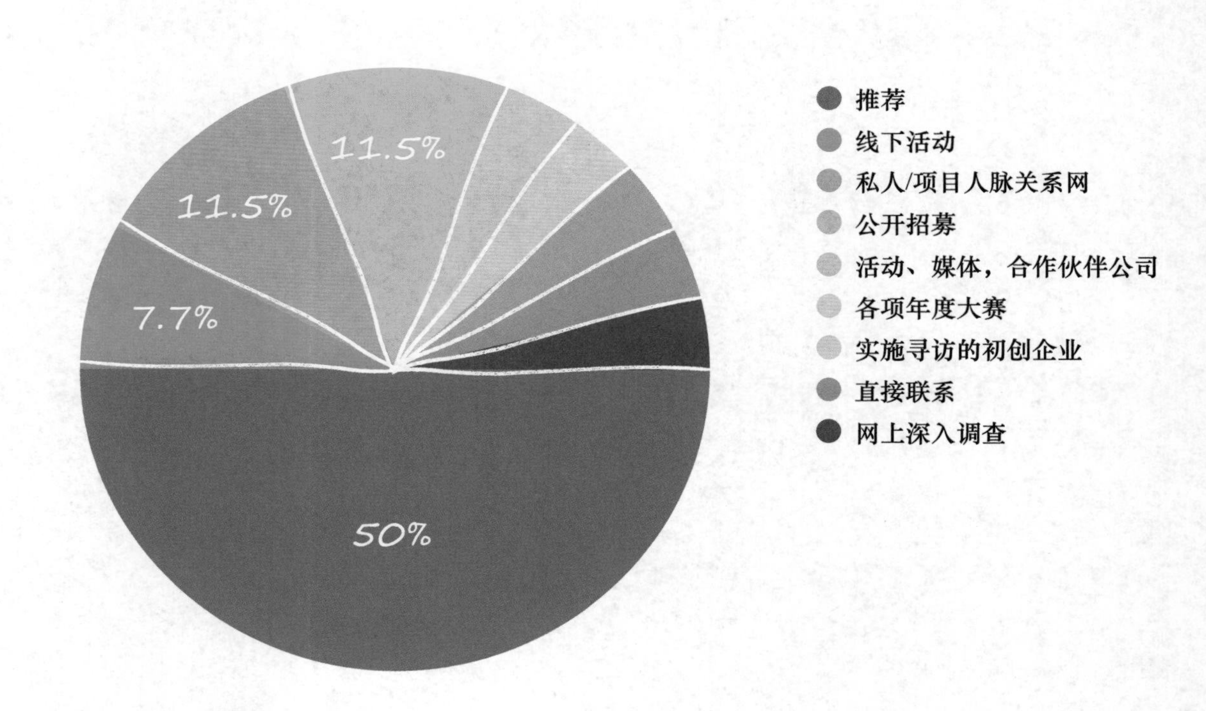

资料来源：基于《New Energy Nexus 调查》，2017 年 11 月。

注：调查对象为分布在美国、亚洲、非洲、中东、欧洲、印度和澳大利亚的 32 家清洁能源加速器，共 26 份回答。

第 2 步：尽职调查

加速器项目方需要审查递交申请的初创企业，并为项目筛选合适的候选人——这个过程就叫尽职调查。尽职调查有一套通用的方法和逻辑，但根据项目的不同需求，尽职调查的形式并非一成不变。通常尽职调查分为四个步骤或阶段。

筛选流程

TECHSTARS（伦敦）

线上申请	核心团队审查	专家审查	面试
初创企业可以通过F6S平台进行线上申请，提交创业情况介绍，也可以通过投资人推荐。	加速器核心团队负责审查申请企业，并筛选出至少75家最有潜力的初创企业。	加速器核心团队会与外部专家多次沟通，筛选出20～30家初创企业进入终审。	由加速器核心团队成员组成筛选委员会，面试并选出最优秀的10家初创企业。

筛选标准：高度关注团队和机遇；寻找全职创业团队；具备团队合作精神；团队背景和活力；产品/服务原型。

资料来源：Techstars 提供。

阶段 1

初步筛选

如果加速器项目在第 1 步（供应链建设 / 市场推广、公开招募）取得了不错的成绩，那么他们会收到大量如雪片般飞来的入驻申请。为减小工作量，项目方会在该阶段淘汰掉约 75% 明显不合适的申请企业（如若项目方接到了 400 份申请，那么第 1 阶段结束后，将只剩下 100 家申请企业）。

这一阶段常见的淘汰理由包括：

- 没有完整、正确地填写申请，没有回答问题或者答非所问。
- 未精心准备申请材料，或充斥着拼写和语法错误。
- 所处行业、企业成熟度 / 发展阶段或潜在的社会影响不符合加速器项目要求。
- 在基础理论（如没有永动机这一常识）和基本经营策略（如期望将产品 / 服务销售给全人类）等方面缺乏可信度。
- 团队能力不足或未充分展现团队的实力。申请材料需要让审查者相信初创企业具备实现目标所需的所有技术和商业能力，而且愿意全力推动企业发展（创业并非易事，需要非常坚定的意志）。

巴克敏斯特·富勒挑战赛标准

许多加速器项目都有自己设定的标准，明确表示他们需要招募哪一类型的初创企业。**巴克敏斯特·富勒挑战赛**（The Buckminster Fuller Challenge）是其中一个有趣的案例，它希望参赛者能提供系统的解决方案。这是因为主办方认为“单一问题—解决方案”的模式常会造成意料之外的负面影响；而系统的解决方案则能缓解这个问题。挑战赛对参赛者**详尽的追踪记录**也支持这一论点。下列为巴克敏斯特·富勒挑战赛寻找出色方案的诀窍：

开创性	方案需要提出一个原创想法，或整合现有想法后推出一个新的策略：但不管是哪种方式，它们都要能创造性地解决某个重大挑战。
全面性	方案要能运用一整套方案，满足设计、实施等全方位要求；旨在同时实现多个目标，完成多个要求，解决多个问题。
预见性	方案需要思考未来重要的发展趋势和需求，以及项目执行可能造成的短 / 长期影响。
生态责任感	方案要能反应自然世界的基本发展规律，同时具有加强地球生命可持续发展的能力。
可行性	方案要能实现概念验证，基于已有技术和 / 或已经证实的科学原理，拥有可靠的团队，和 / 或证明其可以顺利完成该方案。
可验证性	方案可以经受住严苛的实证检验，能提供证据证明潜在或真实存在的积极影响，并能提出真实有效的论断。
可复制性	方案能规模化发展，并能广泛复制到其他任何条件相似的环境。

阶段 2

精细筛选

加速器项目方通常会在第 2 阶段继续缩减候选企业的数量，此时的企业数量是最终获选企业数量的两倍。即若项目只接受 10 家企业入驻，那么在初筛后剩下的 100 家申请企业中，只有 20 家会通过第 2 阶段筛选。由于第 3 阶段需要针对这 20 家企业进行大量的调查工作，所以项目方应保证名单精简，且重点突出。项目方通常会邀请经验丰富的志愿者和 / 或技术顾问参加细筛，以权衡或验证申请企业提出的科学或技术主张。

同时，它们还会使用 Fluid Review、F6S、谷歌等设有矢量和分数的评分体系，配合上述人员进行筛查。

“我曾与 Echoing Green、Relay Foundation 等加速器有过合作，他们都会在初筛阶段直接淘汰 10% ~ 20% 的申请企业。接着它们会扩大考察范围，进行二次筛选，然后对通过二次筛选的企业展开深度尽职调查。”

艾弗里·肯特（AVARY KENT）

联合创始人 @Conveners.org 和 Accelerating the Accelerators（AtA）

阶段 3

面试，审查和外部参考

到这一阶段，整个筛选过程开始真正走上正轨。在剩下的通过二轮筛选的申请企业中，任何一家都有可能成为最后的幸运儿。因此，加速器项目方应该对它们进行深入调查，以发现隐藏的风险或惊喜。

几乎所有的加速器项目都会与申请企业及其推荐者沟通。

尽管方式各异（如通过电话，视频或面对面交流），但他们都试图弄清：

- 创始团队的真实实力是否与申请材料中描述的一致？团队成员是否了解自己宣传的东西真正意味着什么？
- 申请企业的推荐者和顾客是否了解企业及其创始人？如果是，那么前者对后者的了解程度有多深？是否能为其提供担保？
- 创始团队是否了解参加加速器项目意味着什么？项目方应该确保所有创始人都知悉：参加项目的过程可能充满紧张与压力；如果企业因与期望不符而中途退出，可能会为其带来负面影响。
- 他们是否能有理有据地游说加速器项目方？

一旦初创企业入驻，项目方将来就需要为其提供担保。因此他必须保证入驻企业具备相应实力，能够在高压环境中保质保量完成项目。

- 申请企业是否有内部矛盾，或其他加速器项目方应该知道的内幕？
- 创业团队成员是否思想开放，而且具有可塑性？
- 创始团队是否了解业内竞争情况？是否知晓有哪些竞争者？是否知道相关的失败案例，以及它们失败的原因是什么？
- 创始团队看上去是否合作融洽？
- 创始团队的财务情况是否正常？如果否，那么为什么会出现异常情况？
- 申请企业的核心技术是否存在争议？比如可信度、产品 / 市场接纳度、许可、专利等。

阶段 4

终选——交给市场！

终于来到了最后一个阶段！经过初步筛选、精细筛选和面试审查，此时，加速器项目方会根据所有收集到的信息决定哪些初创企业能收到“录取通知书”。在这一阶段，数量不再是项目追求的唯一结果——而是关注企业的“均衡性”。因此，项目方开始权衡其他影响因素，比如产业 / 服务对象（以避免吸纳彼此是直接竞争对手的两家企业）、男女员工比例、企业成熟度、创始团队成员性格等。项目方知道他们将在高压之下与这些初创企业共度数周，乃至数月，因此会尽量周全地进行取舍。这导致了终选过程变得非常主观。

我曾参与过的加速器项目会采用“市场法”来解决这个问题——通过讨论每个初创企业的优势和劣势，确定他们的去向。这一过程会不停重复，直到最后留下的企业既能满足项目设定的目标和要求，又彼此互补为止。“市场法”颇为有效，因为它允许所有相关人员发表意见，帮助项目方以民主、包容的方式确定最终名单。

第 4 阶段通常会持续 1 ~ 3 个月。在 2017 年，New Energy Nexus 以合作伙伴为研究对象，展开了一次调查。结果显示，所有加速器项目的平均淘汰率在 70% ~ 90% 之间：有的项目会淘汰 60% 的申请企业，而有的项目则会淘汰掉 95% 的申请企业。值得注意的是，Y Combinator 的淘汰率高达 98%。

“我们同时开展了两方面的尽职调查。其一是针对初创企业，包括其管理质量、财务状况、技术和追踪记录。其二是针对市场，了解其真正的需求。我们同公用事业公司、政策制定者和潜在客户达成了合作关系，共同运用“市场法”了解市场的真正需求。

最终，我们选出的入驻企业不仅在技术、技能和资源网络等方面互补，而且能为彼此增值。”

道恩·利珀特（DAWN LIPPERT）

创始人及首席执行官 @Elemental Excelerator

FREE ELECTRONS 尽职调查：

在为 Free Electrons 设计筛选流程的过程中，我们遇到的最大挑战是如何协调八个公用事业公司：他们不仅来自不同的领域，而且与初创企业合作的经验深浅也大相径庭。经验最丰富的公司已在创业领域耕耘了十年，旗下拥有 5 个结构完整的创新创业项目；经验最少的公司只与一家初创企业有过合作，而且没有自己的创新团队。因此，我们必须创建一个适合所有企业的筛选流程。

以下是我们在 Free Electrons 开展尽职调查的步骤：

未完待续

市场推广、公开招募

- 我们使用了定制的‘Smart & Simple’软件（但这款授权管理工具并不是最佳选择）。

建议

无需专为此开发一款应用软件，F6S等现有应用就足以出色地完成市场推广和公开招募任务。

- 至于筛选标准，我们综合了公用事业公司所给的反馈，并借鉴了swissnex、CalCEF以及Elemental Excelerator（加速器合作伙伴）的经验。

建议

与不同的人交流，了解他们关注的重点。

筛选

- 每个合作伙伴会使用记分卡，为所有完成申请的初创企业打分。

建议：在设计记分卡时，明确重点标准——设定太多的标准只会不必要地把事情复杂化，浪费时间。另外，不要把得分作为唯一的筛选凭据：除非标准完全客观，否则人们总会产生不同的理解。

每个合作伙伴最后会筛选出30家候选企业。在提交的名单上，前三名企业必须按顺序排列。我们会比较所有名单，寻找重合度最高的候选人。需要注意的是，目前募集到的总资金是一个非常重要的影响因素。接受投资（如让渡股权以换取资金），而非资助的企业可能会优先入选。另外，技术类企业和B2C/B2B企业的数量将大致相同。

终选

- 我们的筛选流程长达五天——三天用于尽职调查，一天半用于面试，最后半天进行终选。
- 绝大多数情况下，加速器会完成尽职调查的任务；但有些公用事业公司也会参与进来，这非常有帮助。
- 我们拥有两个面试小组，从而能在一天半之内完成20次面试。
- 最后，我们在瑞恩·库什纳（Ryan Kushner）和Elemental Excelerator的帮助下运用“市场法”进行终选。我们真心希望能让公用事业公司参与到终选过程中，因为最终会是他们与初创企业达成交易。所以我们会将所有企业分类并公布，经过仔细讨论再确定最终入驻企业名单！”

劳拉·埃里克森（LAURA ERICKSON）和
弗兰齐斯卡·斯坦纳（FRANZISKA STEINER）

来自 swissnex San Francisco
项目合作伙伴 @Free Electrons

世界自然基金会筛选申请企业的流程是什么？

“我们采用了评审委员会制度（委员会共有约90位成员，分布于7个国家），每年筛选出约10～15个初创企业进入候选名单。这些企业不仅应具备影响世界的潜力，而且应赞同世界自然基金会“全球实现100%可再生能源”的可持续价值观。

接着，我们会使用 *www.climatesolvertool.org* 对这10～15家候选企业进行最终筛选，考察哪些企业具备最佳的：

- 减缓气候变化的潜力。计算方法为：在未来10年内，如果它们所占的市场份额达到 *X*%，那么它们可减少数以百万吨的二氧化碳排放当量；只有当该当量大于（或等于）2000万吨时，才能认为该企业具备减缓气候变化的潜力。
- 为贫困人口提供清洁能源的潜力。计算方法为：在未来10年内，如果它们所占的市场份额达到 *Y*%，能获得清洁能源的贫困人口数量。”

斯蒂芬·亨宁森（STEFAN HENNINGSSON）

气候能源与创新高级顾问 @ 世界自然基金会（瑞典）

ACRE 筛选申请企业的流程是什么？

“初创企业首先通过 Gust.com 进行在线申请：回答一些基本问题，并提交融资计划书。ACRE 员工会浏览申请材料，针对初创企业的客户和合作伙伴开展尽职调查。入选最终名单的初创企业需要面对专家团进行融资演讲。融资委员会会根据申请企业的行业分布等实际情况组建评审专家团，专家团由 ACRE 内部员工和外部专家组成，分别来自技术部门、政府等。没有通过最终筛选的企业，我们会将其引荐给其他加速器项目。”

总体而言，尽职调查流程中最重要的部分是什么？

“与客户和合作伙伴的交流非常有价值。它可以帮助 ACRE 了解初创企业的产品是否满足市场需求，创业团队如何面对逆境以及团队如何运作。我们希望在技术风险以外，也能降低来自创业团队的风险。”

约瑟夫·西尔弗（JOSEPH SILVER）

@Urban Future Lab/Accelerator for a Clean and Renewable Economy（ACRE）
ufl.nyc

ENERGYLAB 筛选申请企业的流程是什么？

“我们的流程分为三步：

1 对加速器项目感兴趣的初创企业登录 F6S，填写在线申请表。

2 最有潜力的申请企业会收到线下面试邀请。我们会通过面试了解创始人，评估企业与项目的契合度。

3 通过面试的企业需要接受独立专家团的审查，以评估企业的商业潜力。”

詹姆斯·蒂尔伯里（JAMES TILBURY）

@EnergyLab Accelerator（澳大利亚）

energylab.org.au

POWERSTART 筛选申请企业的流程是什么？

“我们会使用 F6S 进行在线筛选。F6S 是一款出色的开源工具，内含基础评价参数。我们会把每个申请分成 3 ～ 4 个部分，由不同的小组分别进行评估。PowerStart 总共会开放 300 个申请名额，配备内部 / 外部专家进行基础审查。之后我们会进行面对面评估，并通过见面、电话或在线的方式进行访谈。”

昆瑙 • 阿帕德海耶（KUNAL UPADHYAY）

PowerStart（印度）
infuseventures.in

ROCKSTART 筛选申请企业的流程是什么?

“每一批次我们会开放 150 个申请名额。首先，申请企业需要在 F6S 平台提交基本信息；我们会根据申请材料进行初筛。通过初筛的 50 位申请企业需要分别通过 Skype 接受加速器项目总监在线面试，时长约为一个半小时。另外，我们还会根据申请企业的特点安排相应的专业导师进行在线面试。面试完成后，面试官需要使用同一系统对申请企业打分；我们会结合导师的意见，对申请企业进行排名。排名在前 20 ～ 25 的申请企业会受邀来到阿姆斯特丹，进行为期 3 天的终选。

终选流程具体如下：第一天，我们会组织候选企业与导师进行集体快速面试，企业与每位导师的面试时间为 20 分钟；第二天，首先，候选企业需要接受筛选委员会的面试，包括 5 分钟演讲和 25 分钟问答，其次，接受人力资源专家的团队评估，考察团队活力和分析能力；第三天，所有加速器项目人员集中讨论，参考人力资源评估和筛选委员会的意见得出最后结论。”

总体而言，尽职调查流程中最重要的部分是什么？

“我们认为是团队评估和筛选委员会面试。增加导师面试的意义在于，可以为加速器项目评估提供更多的支撑数据。但更重要的是，初创企业能借此更清楚地了解我们的项目能为其提供什么价值。所以，这实际上也是项目方市场营销的策略之一。由专业人士提供的独立评估能帮助项目方保持清醒，避免因着迷于某项技术的美好前景，而忽略考察创业团队是否具备将之变为现实的能力。”

弗雷克·毕斯乔普（FREERK BISSCHOP）

智能能源项目总监 @Rockstart

SAREBI 筛选申请企业的流程是什么？

我们的筛选过程主要考察创业者的三种能力：

“你会成为一个成功的创业者吗？”

我们使用了 Gritt 量表（Gritt Scale）、思维偏好测试、心理测试和价值评估等工具来预估创业成功的可能性。

“你真的能做到吗？”

许多人想要创建一家能源企业，但并不具备必要的技术知识。因此，加速器项目方需要验证创业者是否真的具备创业成功所需的技术知识储备。

“你能否在该领域创业？”

许多与能源和工程相关的交易需要具有合法的资格证书。如果创业者尚未取得必要的证明文件，那么创业必将受到影响。

总体而言，尽职调查流程中最重要的部分是什么？

“审查。审查越仔细，入选企业的质量就会越好。一个好的创业者能改变一个不好的商业模式，但一个好的商业模式却可能毁在一个不好的创业者手中。”

赫尔穆特·赫尔佐格（HELMUT HERTZOG）

@Sarebi（南非）
sarebi.co.za

YC 筛选申请企业的流程是什么？

“2位员工负责招募初创企业，每一批次我们收到的申请材料都会超过7000份。我们邀请了大约100家曾参加过加速器项目的企业帮助我们初筛申请材料，他们会选出前60%～65%的申请企业。初筛企业的相关材料会被送至16位全职合作伙伴处，同时我们会安排至少3名员工参与审阅所有材料。接着，最优秀的1000家申请企业会参加线下面试或视频面试。经过面试筛选，我们会向排名在前500～600的企业发出二次面试（线下）邀请。与申请企业展开面对面交流是筛选流程中非常重要的环节。我们使用定制软件管理整个筛选流程。”

凯特·马纳拉克（KAT MANALAC）

合伙人 @Y Combinator

如何对待
被淘汰的企业？
（以及为什么我们要关心他们？！）

或许每年都会有成百上千位创业者发现你的加速器，阅读宣传材料，决定申请入驻，但经过无尽的等待，最后却被淘汰，然后被推荐给其他加速器项目。你最多会发送一封鼓励他们来年再试的邮件。

不得不说，你错过了许多机会。这些是有自我认同感的创业者／领导者／客户——他们在主动向你表达合作的意愿。如果这种情况发生在诸如电商等领域，相应的加速器会怎么处理呢？一旦发现有疑似为创业者的人访问了其官网，它们会为其贴上标签，对其展开再营销和调查，直到这些访问者采取进一步行动。如果他们是进店闲逛的客户，你会在他们问及某样商品时，告诉他们没有库存，再将他们送走吗？

有没有更好的应对方式呢？吸引这些被淘汰的企业（以及你通过任何方式结识的其他被淘汰的企业），打造线上／线下社区、邀请他们参加活动，在谷歌、脸书等平台建立讨论组，再让他们做自己擅长的事：交流、自发组织活动、学习、分享并寻找加入加速器的契合点和机会。

我们与许多加速器项目交流过，也支持过不少的项目，但我们发现，这些项目大多并没有意识到它们本身就具有神奇的魔力——可以吸引产生一个积极主动、具有自我认同感的社区。而项目中入驻的企业只不过是这个社区最小的组成元素。试想一下：如果你只接受了 2% 的申请企业入驻，那么被淘汰企业的数量可能会是入驻企业的五十倍之多。他们值得你的关注！

这一切可以用“供应链”来解释。你想找到经验丰富的创业者，对吗？但一般规律是首次创业的创业者尚处于婴儿学步的阶段；之后每经历一次创业，他们就能多积累一点经验，变得更加睿智，拥有更多的人脉，也就更有可能创业成功。

总之，与这些被淘汰的企业（无意冒犯）保持联系，给他们留下良好的印象有利于加速器项目的长期发展和扩大影响力。

Y Combinator 旗下的 Hacker News 是一个很好的案例。它是一个类似于 Reddit 的新闻网站 / 讨论公告板，Y Combinator 社区成员可以在此发帖和投票。它把初创企业（包括被淘汰的企业）凝聚在 Y Combinator 周围，使 Y Combinator 能保持知名度、信誉和发展前景。Hacker News 的投入产出比极高，因为其本身的运营仅需要极少数员工和预算。Y Combinator 每年会收到 7000 份申请。但录取率只有 1.5%——这甚至远低于哈佛录取率（约为 5%）。试想 98.5% 被淘汰的初创企业和 Y Combinator 创业生态系统中已有的上千人全部是 Hacker News 的受众，会产生什么样的效应？

Hacker News 示例

资料来源：news.ycombinator.com

第 3 步：加速器项目运营

一旦初创企业入驻，加速器项目就会正式开始推动企业发展。项目有各种各样的形式——全线下、全线上、线上与线下兼具。项目与企业之间的互动可能很频繁或很稀少，可能会以技术、商业、沟通等内容为重点。这是因为项目方希望借助自己的优势，帮助企业解决具体的问题或为其创造机遇，这一事实决定了项目会将主要精力投放于自身的优势处。磨刀不误砍柴工——项目方会花费大量的时间保证项目能实现最终目标。“如何创建一个加速器”一章将具体阐述相关步骤和如何设计面向未来的项目。本节将详细解释部分典型的加速器项目。

融资与资助

加速器项目最常见的功能是为入驻企业提供资金帮助。虽然各项目帮助方式各异，但通常包括直接投资（需要企业让渡股权）或资助（无需企业让渡股权，也被称为“非稀释资本”）两种形式。除此之外，入驻企业在项目结束或接受二次评估后获得后续投资和外部投资也非常常见。

资金帮助是加速流程中一个非常重要的环节。原因不言而喻：初创企业需要资金支付员工工资和各种成本（尤其是在入驻期间，初创企业可能无力开展常规的经营活动）。投资代表了加速器项目对初创企业的信任，也是初创企业可靠度的象征；如果项目在业内颇受推崇，投资的含金量将更高。投资往往具备连带效应，即一笔投资能吸引更多投资。这是因为其他投资人会认为能获得投资的企业风险较低。

股权投资是最常见的投资方式

我们调查了为入驻企业提供直接投资的加速器项目。在收到的 91 份回答中，大约半数项目采用的是股权投资，而采用资助、准股权投资或债券投资等形式的项目占比少于 30%。

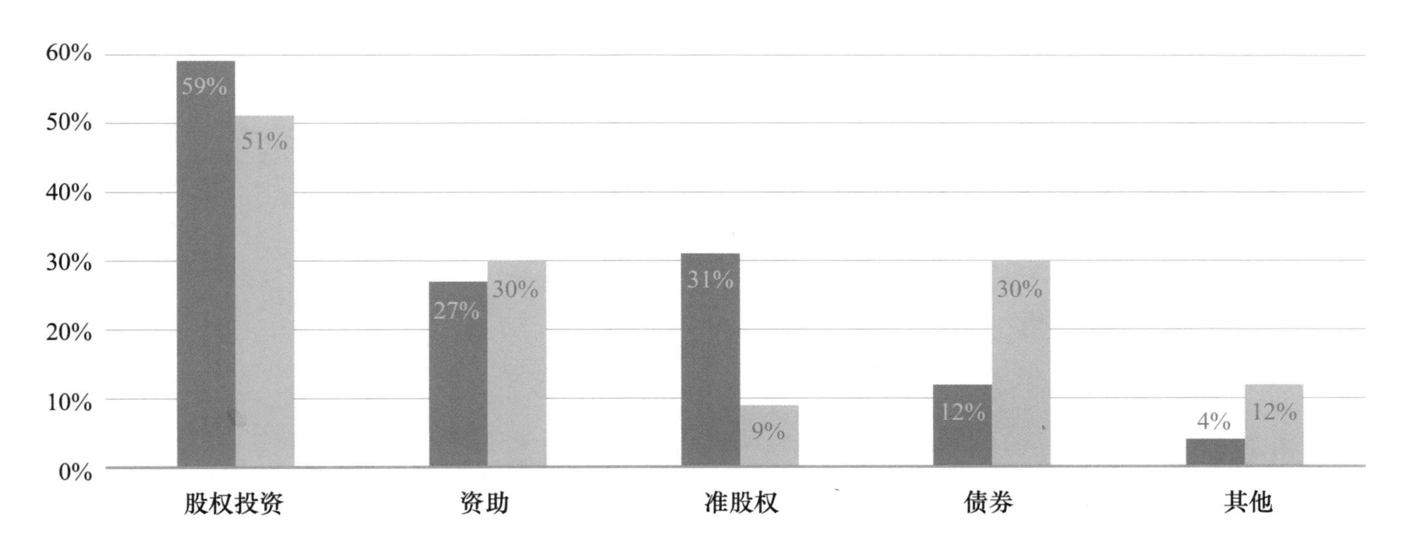

● 位于高收入国家的加速器项目　● 位于新兴市场的加速器项目

资料来源：《2016 全球加速器报告》，GALI

注：调查对象为总部设在 41 个国家的 164 个组织。

是否曾投资过初创企业？

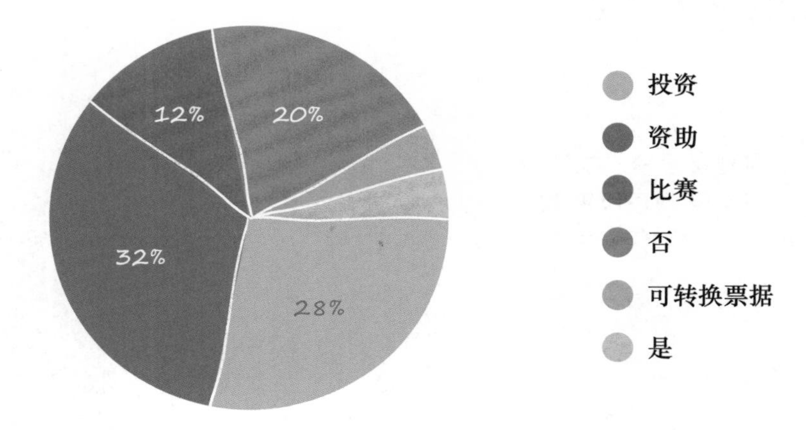

资料来源：基于《New Energy Nexus 调查》，2017 年 11 月。

注：调查对象为分布在美国、亚洲、非洲、中东、欧洲、印度和澳大利亚的 32 家清洁能源加速器，共 25 份回答。

是否要求入驻企业让渡股权？

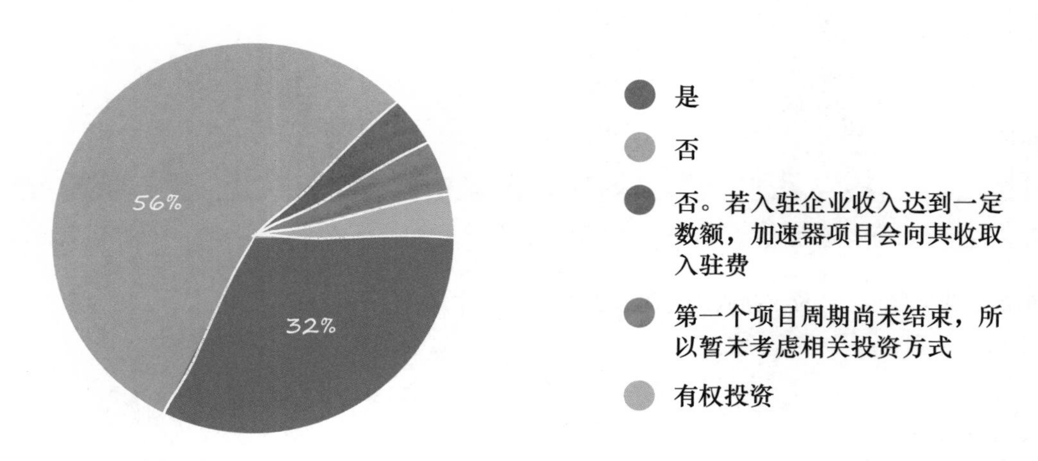

资料来源：基于《New Energy Nexus 调查》，2017 年 11 月。

注：调查对象为分布在美国、亚洲、非洲、中东、欧洲、印度和澳大利亚的 32 家清洁能源加速器，共 25 份回答。

初创企业融资类型

初创企业融资一般可分为五类：营业收入、资助、债券投资、股权投资和混合型。

	描述	优势	劣势	融资成本	示例
营业收入	初创企业可以利用营业收入帮助新业务发展，比如开发新产品或扩大规模	极低或没有融资成本	不适用于尚未产生营业收入的初创企业；收入不足/不稳定时，无法满足融资需求；影响现金流	没有成本/成本较低	正常营业产生的所有收入
资助	初创企业接受资助，但必须满足资助机构规定的影响力	极低或没有融资成本。可提高初创企业信誉。许多资助机构还会提供额外的帮助，扩大初创企业人脉网，使企业有机会参与政府项目。如果创业失败，不会产生任何财务损失	资助审批时间太长；文书工作繁冗杂陈，监管和评价标准严苛。多年制资助非常罕见	行政审批费用	（国家、省、市）政府清洁能源资金
债券	初创企业接受资助，但需承担一定义务，比如按一定利率定期还款	义务清晰；只要初创企业完成义务，创始人可保留对企业/资产的完全控制权	发展中市场的利率较高；通常需要抵押（比如房屋抵押）；银行通常较为保守，可能不愿意贷款给能源初创企业	利率较高	针对中小企业的银行贷款；小额信贷机构；为大型能源项目提供的项目贷款（联合贷款）
股权投资	初创企业接受资助，但需让渡股权（企业不管处于什么发展阶段，都可接受股权投资）	提高初创企业信誉；许多投资人会提供除资金以外的帮助，比如导师指导、人脉关系建立、营销帮助等	投资人可能会要求企业让渡大比例股权，并期望控制企业经营权	企业股权	种子阶段：朋友和家人、天使投资、加速器、众筹股权投资、孵化器 发展阶段：风险投资、大型企业投资、私人投资
混合型	混合或交叉的新兴资金来源	这取决于资金来源；但理想状态下，它们非常灵活，而且有益于初创企业发展	形式新颖，但具有一定风险。由于无法预测可能的后果，因此传统投资人可能不会采用这种投资方式	取决于资金来源	众筹融资；影响力投资；数字货币首次公开募资；营收融资；公私合作

大型企业参与和客户导向型加速器

对于许多加速器来说，成熟的大型企业是它们的生命线：这些企业可以投资项目，为初创企业提供导师，分享行业经验，成为初创企业的顾客、投资人，或许最后成为收购者——这些都是大型企业可能带来的益处。

Global Accelerator Learning Initiative（GALI）曾做过一项研究，结果显示：大型企业是加速器项目最大的单一融资来源。

大型企业是最常见的融资来源

在收到的回复中，50% 的项目几乎都收到过大型企业投资；21% 的项目收到的大型企业投资至少占总融资额的一半。来自股权回报或投资人投资的收入不到 10%。

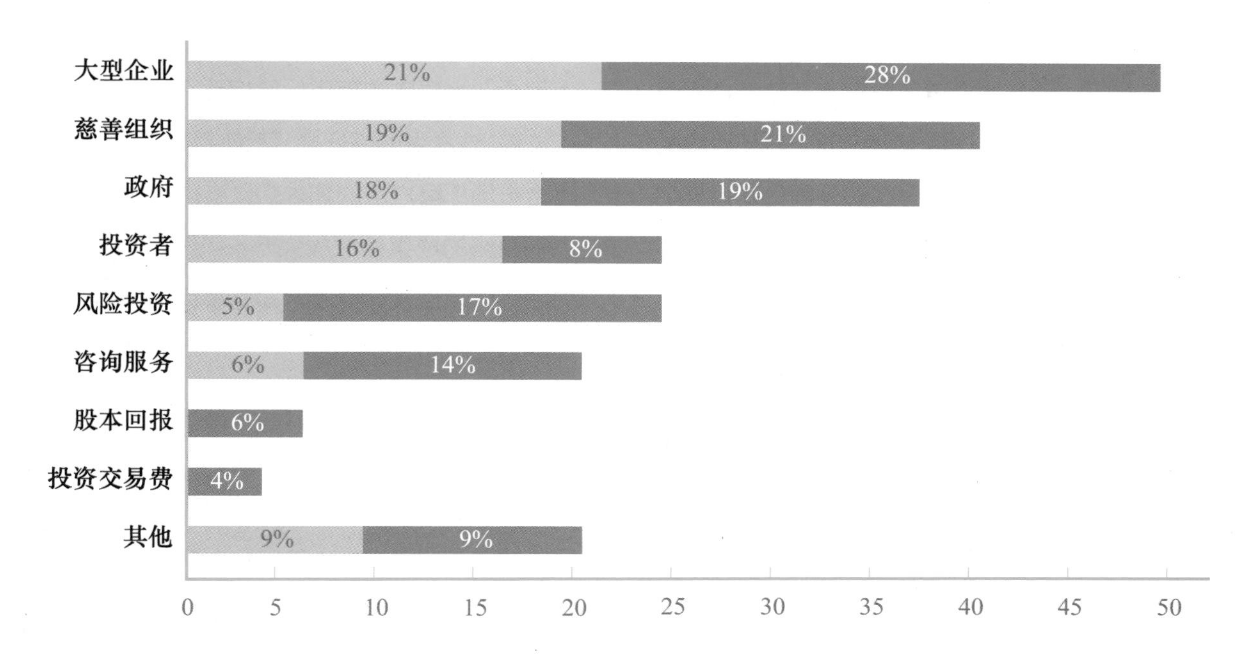

资料来源：《2016 全球加速器报告》，GALI

注：调查对象为总部设在 41 个国家的 164 个组织。

通常情况下，大型企业通过他们的风险投资 / 创新部门与初创企业建立联系，而这些业务部门普遍认为加速器是一种可靠的“交易流（投资机会）”来源，也是他们了解行业动态的渠道。对于大多数与技术有关的行业来说，加速器是连接大型企业与外部世界的桥梁，它使得大型企业可以随时了解外界日新月异的变化（包括风险与机遇）。而从公共关系的角度来看，大型企业也需要向公众展现出“勇于创新”的形象。企业代表参加晚宴、展示和融资活动能显示他们与加速器项目的合作伙伴关系。

Free Electrons 是一个大型企业加速器项目，专为项目中的公用事业公司设计。它要求公用事业公司尽量参与筛选流程（相关细节请查阅“尽职调查”），这样，这些公司就能最终与心仪的初创企业达成合作。虽然这种方法看上去很简单但很有意义。加速器项目的标准运作流程是：由加速器项目挑选它们认为很有潜力的初创企业，再通过路演日活动等平台进行对外宣传。但 Free Electrons 和其他如 Techstars 等以大型企业为导向的项目恰恰相反，他们让客户驱动整个流程。这样做的好处是，严格保证了产品（初创企业）符合市场（客户）的需求。以客户为导向的加速器可以将最终的成果效益放大 5 ～ 10 倍。这不过是简单的加速器项目设计修改，却为项目和参与企业带来了天翻地覆般的改变。

总而言之，我们建议正运营 / 设计加速器项目的相关人员，在曾参加过项目的大型企业中，寻找具有经济效益（或影响力）的实体，并使他们尽早参与到项目中来。如果他们能从加速器项目设计阶段开始参与当然最好；但如果不能，至少也要参与申请参与项目的初创企业筛选。换言之，让客户推动整个流程。

Techstars 是全球最大、最受尊敬的加速器之一。它在一定程度上定义了大型企业参与和以客户为导向的加速器运营模式。你能在全球任何一个有关顶级加速器的榜单上看到 Techstars 的名字。它旗下运营的项目数量之多（每年约为 40 个），涉及领域之广（从金融技术，到清洁技术、房地产，再到音乐），让人瞠目结舌。

它的运作方式如下：Techstars 每年会获得 300 万美元的财务资助，期限为 3 年（或以上），资助人为某大型企业或同一领域（通常情况）的数家大型企业。Techstars 会用这笔款项运作整个项目（从公开招募开始，一直持续到路演日活动）。这极大地减轻了大型企业的负担，使他们不用亲自运作自己的创新项目。他们需要做的是：拨款，获得结构完整的项目，控制筛选比例，审阅来自世界各地、经过预先审核和尽职调查的初创企业。这是一个充满智慧，且行之有效的方法。曾加过 Techstars 项目的 1207 家初创企业中，76% 仍然在正常运营，12% 被收购，12% 失败；他们共募集了 47 亿美元资金。

Free Electrons 1.0

同伴情谊比金坚！获得现金奖励的初创企业，却选择与他的同伴分享。

资料来源：www.freetheelectron.com

Techstars 希望在创建加速器项目时，能参与所有环节。比如，如果世界银行找到我们，希望能创建一个加速器；那么我们会与它共同参与整个创建过程。首先，我们会深入了解行业现状，从初创企业的角度了解市场参与者；接着，我们会开展所有与项目有关的活动，比如招募、通过线上 / 线下渠道联系初创企业、招聘员工、举办路演日活动等。

当我们在建立新项目时，通常会从三个维度考虑细节。第一，地理位置。这是一个能将我们纳入其生态系统的地区吗？第二，所处行业。从投资人的角度，这是一个能获取投资回报的行业吗？第三，合作伙伴。我们只会与最优秀的大型企业合作创建新项目。这些企业必须愿意真正致力于创新，以及与初创企业一起学习和工作。

摩根·贝尔曼（MORGAN BERMAN）

业务发展总监 @Techstars（北美）

如何连接初创企业和大型企业或投资者?

“我们会邀请大型企业参加最终活动，但也会尽可能利用其他活动。世界自然基金会（WWF）会将荣获气候创行者（Climate Solver）称号的初创企业近况推送给WWF在气候与能源领域的大型企业合作伙伴，事实证明，类似这样的联系往往能带来新的项目机遇、合作伙伴关系和投资。

我们在许多国家（主要是中国和印度）举办了多期能力建设活动，初创企业可以获得培训并有机会结识大型企业。有时我们也会直接对接，但尚缺乏能力或资源妥善利用这一强有力的资源。

我们还发现，有必要使大型企业以新的方式参与环境供应链挑战，使其成为颠覆性创新技术的试验田。比如，我们正与 X 计划（Project X）合作，希望能在 10 年内改革 10 个行业。与大多数聚焦于“创新推动法”的加速器不同，X 计划以大企业为目标，支持它们尝试在现有采购链中采用创新技术——即所谓“市场拉动”法。”

斯蒂芬·亨宁森（STEFAN HENNINGSSON）

气候能源与创新高级顾问 @ 世界自然基金会（瑞典）

如何连接初创企业、大型企业或客户？

“有三种基本方式：

第一，大型企业可以通过出资赞助加速器项目，获得该项目的冠名权，这是最直接的方式。赞助金额通常在2.5万～7.5万美元。

第二，通过加速器投资入驻企业。这是目前最主流的方式：它采用了可转换贷款的形式，在退出时可转换为股票。每位投资者通常会投资10万～20万美元。

第三，缴纳费用，参与加速器项目，与入驻企业互动。在加速器项目正常开展期间，我们还向大型企业合作伙伴提供组织会议、大赛或挑战赛的机会。活动形式可以多种多样，比如企业集团与初创企业见面会、精益创业方法学习班、供需对接会。大型企业也可以举办挑战赛，邀请全球初创企业参赛，赢取由他们提供的合作机会或奖品；甚至还可以租用我们的场地举办派对。只要与初创企业有关，他们可以举办任何形式的活动。”

弗雷克·毕斯乔普（FREERK BISSCHOP）

智能能源项目总监 @Rockstart

“我的目标是将 Techstars Energy 打造成为一座桥梁，将真心希望创新、愿意与初创企业合作的大型企业，与年轻、灵活、有潜力的初创企业联系起来。Techstars Energy 甚至可以将创业者引荐给挪威国家石油公司（Statoil）、康斯伯格（Kongsberg）、麦肯锡（McKinsey）等大型企业，但我们不会代替创业者创建企业。

大型企业也不应把创新变成形式主义，不能仅仅因为初创企业表面上说得头头是道，就与他们达成合作。只有当大型企业和初创企业都准备好付诸实际行动时，才能真正地推动合作与创新。”

艾敦·阿贝尔勒斯（AUDUN ABELSNES）

总经理 @Techstars Energy

技能培训

技能培训是大多数加速器会为入驻企业提供的服务。培训内容与初创企业实际业务的关联性越高，对企业的价值就越大。所以，加速器项目方应该深入了解入驻企业的需求，在此基础上为他们量身打造适合的课程。以下是正广泛应用于各发展阶段和领域的部分课程。

客户需求发掘

Lean Startup 创始人史蒂夫 · 布兰克（Steve Blank）曾说，创业者若想找到客户，就要“走出办公室（get out of the building，GOOB）”。也就是说，创业者要与客户沟通。但沟通不是销售，而是要深入了解潜在客户的真实需求和面临的挑战，并根据了解的情况完善自己的产品或服务，使之能满足客户需求、解决痛点。我曾组织过这种“反向演示”“反向游说”的活动，即创业者向客户提出问题。

比如，在由一家电力公司和数家初创企业组成的圆桌讨论会上，只允许后者提问——这能有效地帮助初创企业找到突破口。

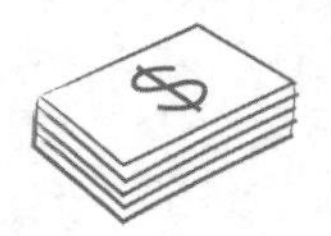

价值主张工作坊

与“客户需求发掘”课程紧密相连的是“价值主张工作坊”，创业者需要回答下列问题：你如何描述你所提供的产品或服务的优势或效用？换句话说，为什么人们要购买你的产品或服务？许多初创者无法回答这个问题，因为他们只关心产品或服务的价值，却没有思考客户真正需要的是什么，特别是在新事物层出不穷的科技界，价值主张工作坊的训练尤为必要。

用“精益创业”的方式思考

受“精益创业”方法的启发。创业者普遍倾向于找到一个通用的解决方案，期待它能同时解决所有问题，比如，某区块链解决方案声称可以提供具备可追溯性的供应链，既能用于小额支付平台，还能适用于碳交易市场！精益创业方法能帮助创业者按照“创建—测试—学习”的循环思考自己开发的产品。首先要求创业者聆听客户的声音，尽全力满足他们的需求（所生产的产品通常被称为“最简可行产品”，minimum viable product，MVP），然后测试产品或服务是否可行，最后根据客户反馈修改和完善，这非常有效。精益创业方法使创业者明白：一次只做一件事，测试市场反馈，再不断完善发展。

商业模式创新

当然，你可能需要售卖产品或服务，但应如何完成呢？现金预付、初期免费、后期付费或者动用存款。根据所售产品或服务和服务对象不同，这些都是好方法。亚历山大 · 奥斯特瓦德（Alexander Osterwalder）所著的《商业模式新生代》（Business Model Generation）提出了商业模式画布的概念，这是一个极为有效的工具，可以帮助创业者设计自己的商业模式。这本书以图表的形式列出并分析了从 Nespresso 咖啡到 iTunes 等产品的商业模式。另外，你也可以使用精益创业画布（Lean Model Canvas）完成此项任务。它在商业模式画布的基础上略做了一些修改，更关注问题 / 解决方案。因此，对许多人来说，精益模式画布更为直观。

精益创业画布（Lean Model Canvas）

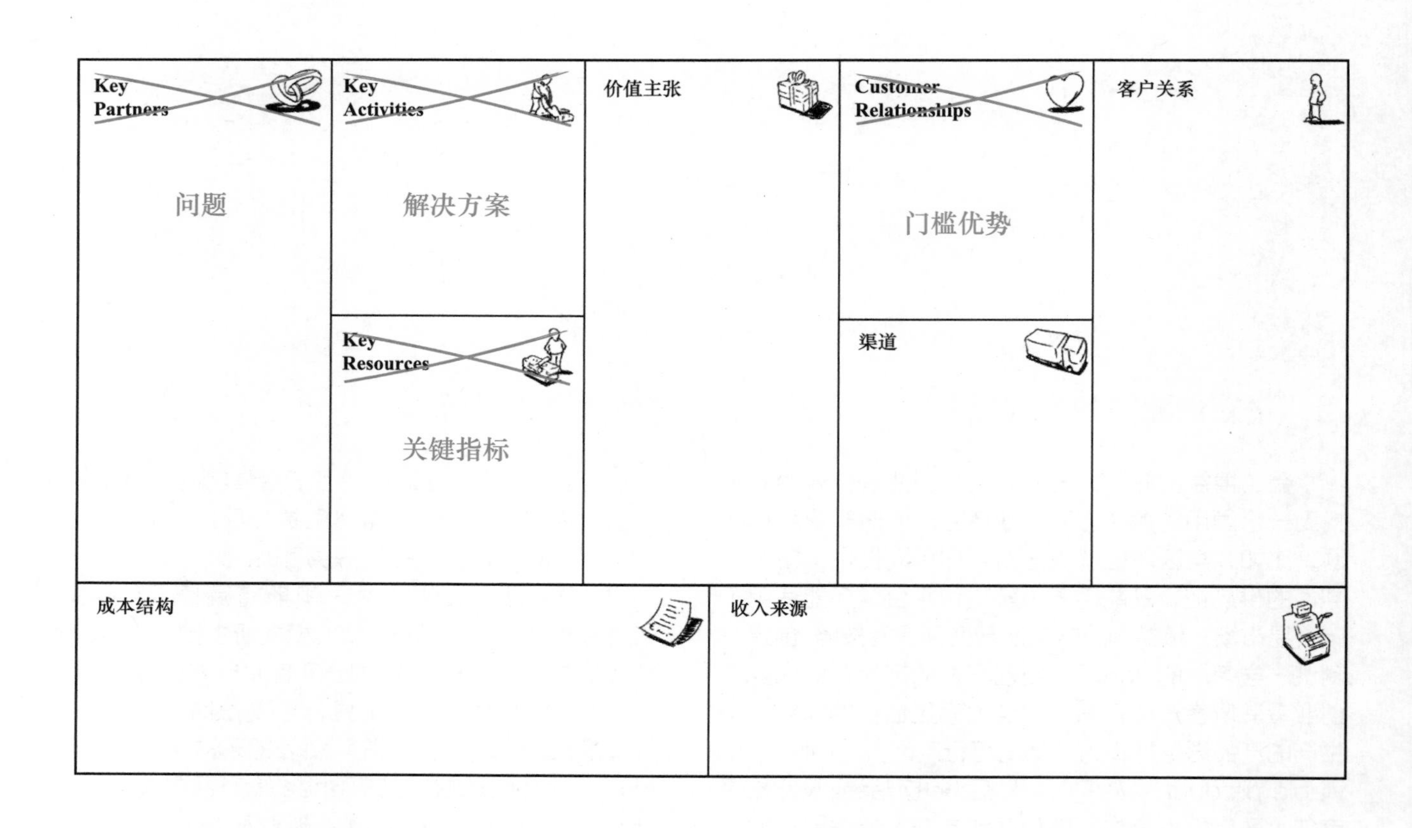

资料来源：《媒介》（Medium），阿什·莫瑞亚（Ash Maurya）著。基于 Strategyzer.com 推出的商业模式画布。

什尔·莫诺特（Sheel Mohnot）是 500 Startups 的合伙人之一，负责运营 FinTech 和 InsurTech 两个项目。500 Startups 的全球团队覆盖多个国家，倡导亲力亲为的运营方式，提供密集的培训。不仅如此，他们还会将培训内容免费发布至其官网，供全球创始人学习。请查阅网站导图：根据初创企业所处的发展阶段和面临的挑战，确定下一步发展所需信息。这非常有趣，你一定会感到惊艳！

“各初创企业来到同一个开放的环境中办公，我们几乎可以和他们天天接触。这样公司之间也可以为彼此提供更多的价值和支持。这些都是创造改变的基础。比如“营销冲刺周（Marketing Hell Week）”：创始人们可以在这一周的课程当中学到终身受用的知识。”

什尔·莫诺特（SHEEL MOHNOT）

合伙人 @500 Startups

资料来源：www.growth.500.co

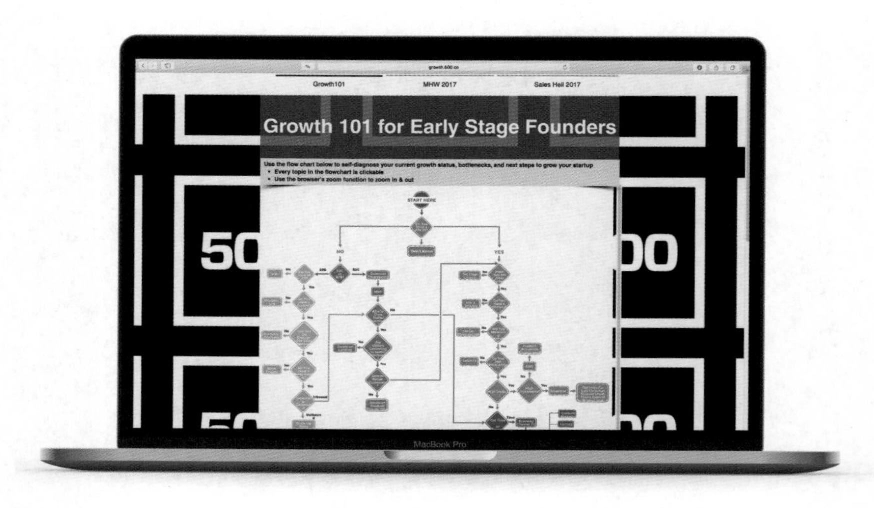

资料来源：www.growth.500.co/schedule

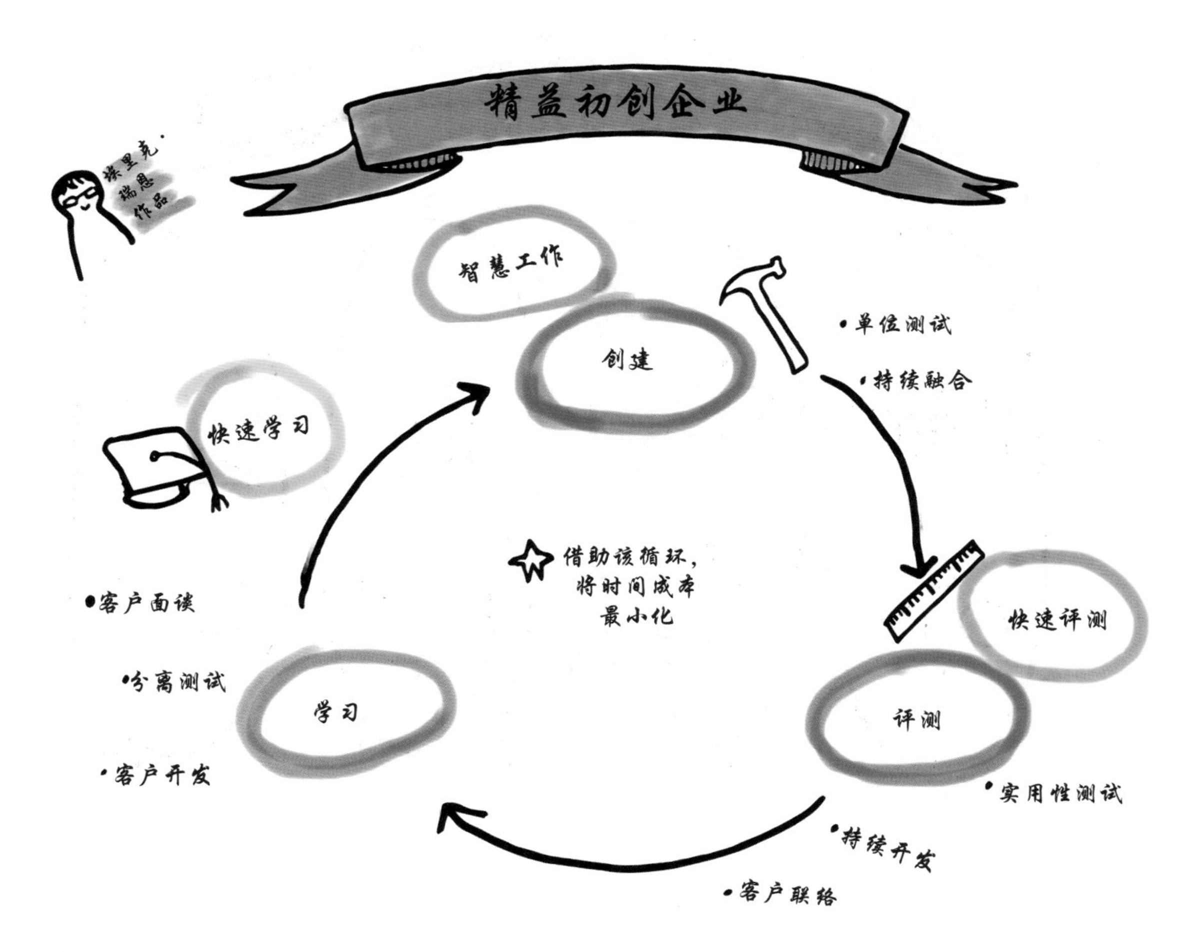

资料来源：基于《精益创业》（The Lean Startup），埃里克·莱斯（Eric Ries）著。纳什米 B.E.（Nasimeh B.E.）作图，@veryhumansociety

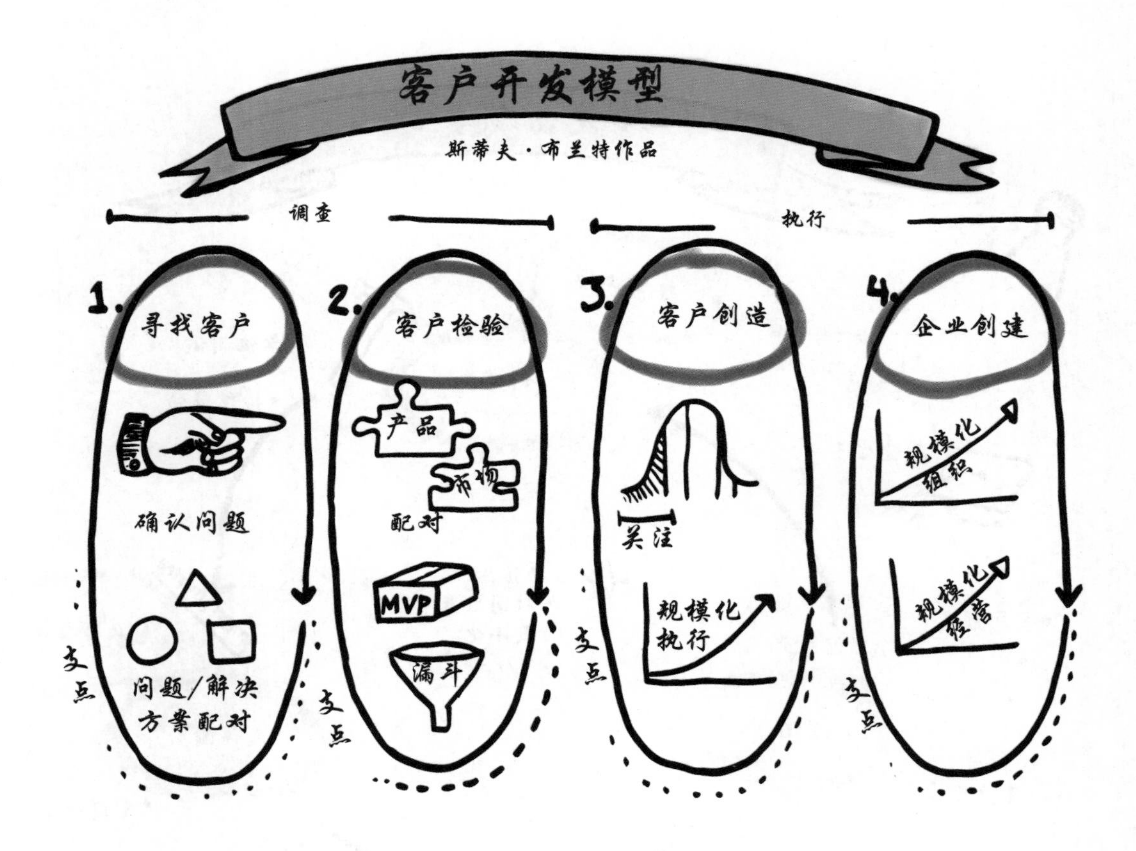

资料来源：基于《四步创业法》（The Four Steps to the Epiphany），史蒂夫·布兰克（Steve Blank）著。纳什米 B.E.（Nasimeh B.E.）作图，@veryhumansociety

“我们认为，创始人在入驻 Y Combinator 期间只用做两件事：打造产品，与用户交流。其他都是浪费时间。

Y Combinator 是一个设计合理、简单的加速器项目。我们不会要求创业者必须做什么。在入驻期间，他们的办公安排不受任何干预，只需要每两周参加一次集体办公——这既是对合伙人，也是对同期加速器项目内其他创业者负责任的表现。在集体办公期间，各位创始需要汇报其在过去两周完成了哪两件事，在接下来两周希望完成哪两件事，正面临什么瓶颈或阻碍。

在过去的这些年里，已经有许多初创企业从 Y Combinator“毕业”，这些“毕业生”的经历会帮助我们向后续加入的各位创始人提出建议，因为我们曾看到，有人曾使用某种方法战胜了某一挑战。

因此，战胜某个具体挑战的最佳建议往往来自于另一批入驻企业的创始人。在 150 家初创企业中，有可能你遇到的困难刚被另一位创始人解决，又或者有家初创企业致力于解决的问题恰好是你遇到的困境。”

凯特·马纳拉克（KAT MANALAC）

合伙人 @Y Combinator

“一般来讲，参加Global Cleantech Innovation Programme（GCIP）的初创企业除各种线下工作坊和培训班以外，还会接受平均约30～45个小时的线上培训（1小时互动网络课堂）。我们会在不同的时区开办网络课堂，初创企业可以自行选择参加时间；同时，他们也可以摆脱地域限制，有更多机会与其他企业互动。初创企业们不仅可以借此机会学习新技能，还能与同伴交流沟通。”

凯文·布雷思韦特（KEVIN BRAITHWAITE）

全球项目副总裁 @Cleantech Open
cleantechopen.org

“我们组织技能培训的方式如下：

- 为初创企业提供一对一私人培训
- 当地（国家）月度培训
- 大师课堂——针对所有初创企业的培训活动，通常持续2～3天。培训内容包括吸引投资、融资、与投资者交流的艺术、由客户资助的业务、谈判、销售等。”

雷纳托·加利（RENATO GALLI）

@Climate-KIC Accelerator
climate-kic.org

“技能培训会贯穿加速器项目的整个过程，主题包括精益创业方法论、团队建设、市场营销和销售、融资实践和财务规划等。除此之外，我们还会举办很多有关技术发展的培训，覆盖可扩展性软件开发、工程和制造等诸多领域。所有培训都会包含与软件和数据有关的内容，其中一些还会涉及硬件开发。”

弗雷克·毕斯乔普（FREERK BISSCHOP）

智能能源项目总监 @ Rockstart

越南气候创新中心是否会开展技能培训？

“越南气候创新中心会根据初创企业需要来制定培训计划。由于许多企业并不真正了解自己的需求，所以除了问卷调查，越南气候创新中心（VCIC）还会对各家初创企业进行评估。在培训完成后，中心要求受训企业提交反馈，以便其不断自我完善。商业模式开发或精益创业是最受欢迎，也是最有成效的培训主题。相对而言，财务模式培训的效果较差，主要是因为创业者对此不太熟悉，也不感兴趣。虽然中心鼓励创业者申请与知识产权保护有关的课程，但许多人并没有意识到相关知识的重要性。”

阮田（TIEN NGUYEN）

商业化专家 @ 越南气候创新中心（Vietnam Climate Innovation Center，VCIC）

vietnamcic.org

绿色创业研究中心的加速器项目有线上部分吗？

“我们设有关于绿色创业的在线教学模块，以录播课、与TED类似的演讲和实时指导的方式提供在线培训。培训主题涉及市场营销、人力资源管理、财务管理、商业计划等。事实证明，许多创业者可以通过这种形式弥补不能参加线下培训项目的不足，同时还可借助项目提供的延伸学习材料在结业后继续学习。我们希望能实现以下目标：

开阔创业者眼界

准确明辨发展可能遇到的挑战，识别绿色或者说可持续发展的商业机遇；全面了解自身的优势与劣势，以期为企业发展打下坚实的理论和实践基础。

提升创业者能力

特别是应对创新、沟通、合作等领域挑战的能力。

平衡经济和社会效益

了解发展趋势，识别机遇，创新商业模式，兼顾业务，平衡经济与社会效益。

确保初创企业可持续发展

促进业务目标和决策的一致性，确保实现绿色/可持续发展的承诺。”

武文娟女士及李霄松先生

@绿色创业研究中心（Center for Green Entrepreneurship）

对外经济贸易大学（北京）

是否会开展技能培训

（如商业技能？）

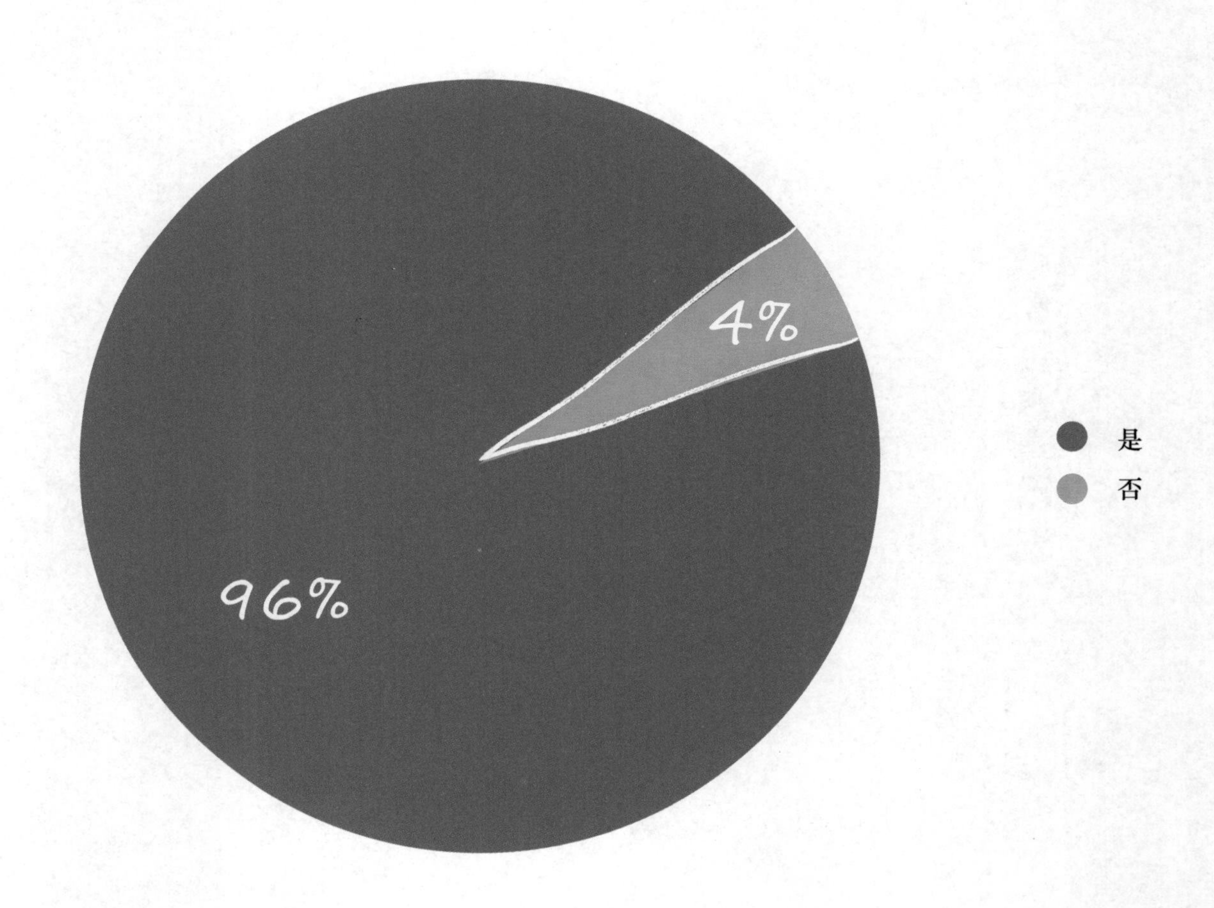

资料来源：基于《New Energy Nexus 调查》，2017 年 11 月。

注：调查对象为分布在美国、亚洲、非洲、中东、欧洲、印度和澳大利亚的 32 家清洁能源加速器，共 25 份回答。

办公空间（关于 TPS 报告）

许多加速器项目会为其招募的初创企业提供办公空间。但相比孵化器在这一点上的必要性来说，这一点在加速器中并不太常见。提供办公空间的优势在于，项目方可以更紧密地团结入驻企业，随时与创业者们会面，初创企业之间也能更好地互相学习。

若加速器项目希望提高知名度，同时补贴实体办公空间产生的各种成本（主要劣势），一个很常见的做法就是拓宽办公空间的用途：比如在晚间将其改为会议室或活动场所。

我自己经常去加速器参加各种活动，比如路演日活动、鸡尾酒会等，因为我能从中得到很多与加速器相关的信息。真正走近加速器，我才能更好地了解他们的工作氛围、风格及其对创新的理解。位于加利福利亚州奥克兰的 Powerhouse、Los Angeles Cleantech Incubator（LACI）、位于波士顿的 Greentown Labs 等加速器项目都会定期举办活动。借助这些活动，他们的办公空间与其品牌知名度实现良性互补。

Accelerator for a Clean and Renewable Economy（ACRE）是纽约的一家清洁技术加速器。不管是从整个空间氛围还是具体运作机制，它的运营也类似一个典型的孵化器：满足条件的初创企业入驻进来，又在成熟之后离开。

“我们的项目可以随企业的需求变化和发展情况而随时调整。每半年，我们会重新对入驻企业进行评估，判断他们接下来需要怎样的帮助，是否到了毕业/退出的时候。有些后来非常成功的企业花了两年时间才离开ACRE，在项目期间，他们经历了数次转型。而另一些企业则成长得非常快，仅用了不到一年的时间就离开了加速器。”

约瑟夫·西尔弗（JOSEPH SILVER）

@Urban Future Lab/Accelerator for a Clean and Renewable Economy（ACRE）

ufl.nyc

加速器项目是否会为入驻企业提供合作办公空间?

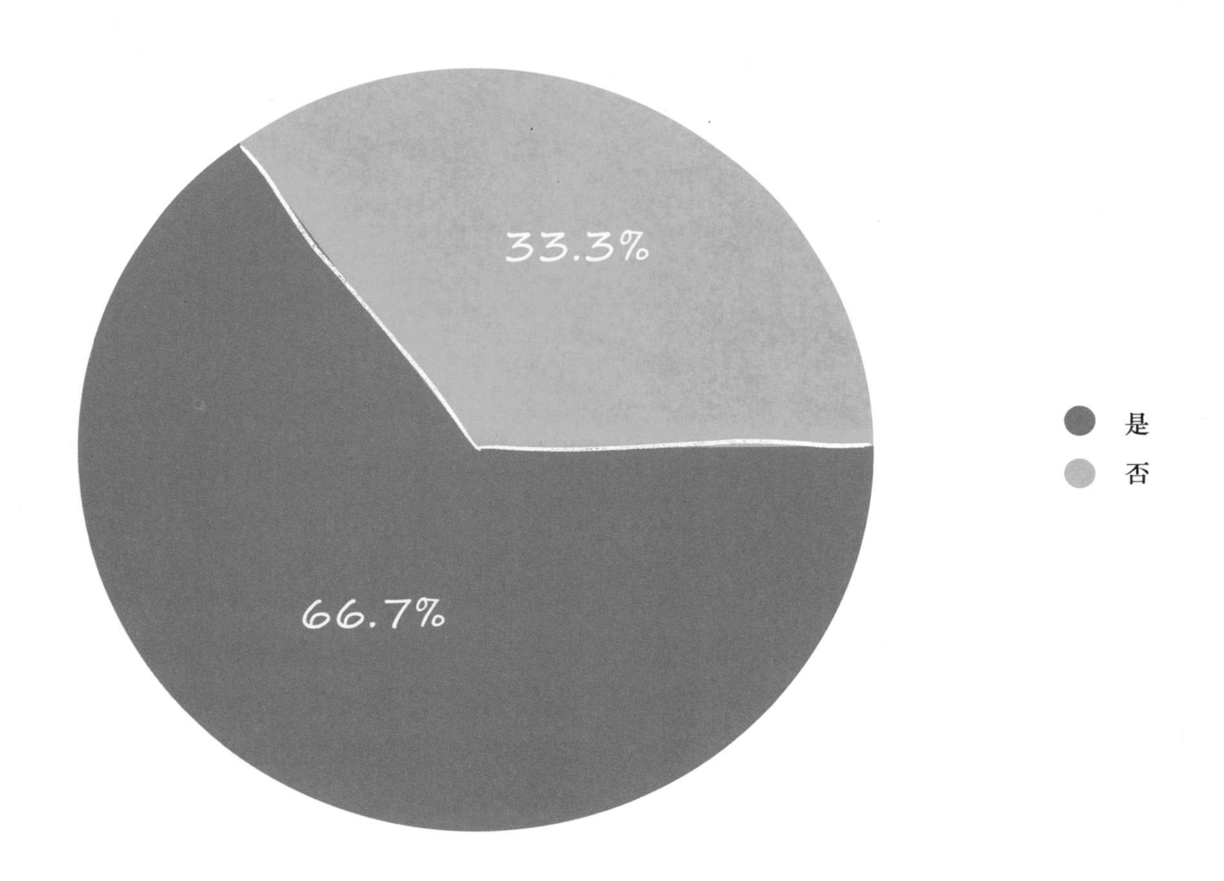

资料来源：基于《New Energy Nexus 调查》，2017 年 11 月。

注：调查对象为分布在美国、亚洲、非洲、中东、欧洲、印度和澳大利亚的 32 家清洁能源加速器，共 25 份回答。

导师

丰富经验带来的智慧无法被取代。一个好的导师可以帮助创业者解决创业过程中面临的各种问题。有时候导师可以改变一家企业的命运，并有可能加入企业董事会，成为企业的投资人和合作伙伴。当然，有时候初创企业也会觉得导师干预过多，没有太多实质性帮助，令人非常沮丧。与大多数事物一样，稳固的导师制度和清晰的预期是关键所在。

导师制度的设计通常分为高频、低频接触两种方式。加速器可以选择专门将单个初创企业引荐给导师；也可以不刻意安排，只是邀请导师参与项目，把偶尔的接触转变为正式的辅导关系。

“Techstars 是由导师制度驱动的加速器。我们希望能帮助初创企业学会质疑所有的假设，仔细审视商业模式。最终，我们希望他们在为期 13 周的加速器项目期间内实现更多的成就；远超正常情况下一年半时间能够取得的发展。在 Techstars，我们将项目分为三个部分。

首先，导师。我们成立了“疯狂的导师（Mentor Madness）”，让导师们能够紧密联系、通力合作帮助初创企业重新审视商业模式和假设，并给予反馈和意见。

其次，基于导师反馈，帮助企业重塑商业模式。

第三步，帮助企业重新定位，准备扩大规模，进行下一轮融资。”

摩根·贝尔曼（MORGAN BERMAN）

业务发展总监 @Techstars（北美）

“Y Combinator 最大的亮点是，无论初创企业来自哪个领域，他们都能在这里找到匹配的优秀导师，并将受益无穷。Y Combinator 所有领域都有许多专家资源——初创企业只需入驻，即可在两周内见到适合自己的导师。

如果初创企业需求明确，那么 Y Combinator 一定是你的上上之选。”

利拉·梅隆（LEILA MADRONE）

创始人 @Sunfolding，入驻 Otherlab 和 Y Combinator

“因为我们没有看到任何有效的成果，所以取消了导师制度。导师们花费了很多时间，却没有什么可量化的产出。因此，我们改变了辅导策略，使它能为初创企业提供可量化的服务。”

赫尔穆特·赫尔佐格（HELMUT HERTZOG）

@Sarebi（南非）
sarebi.co.za

“我们会为每一个创业团队仔细挑选合适的导师——他们会成为企业的顾问和利益拥护者。导师通常会与初创企业位于同一个国家，甚至离企业所在地非常近，这样双方可以最大限度地进行面对面交流。同时，我们的国际导师团队也在不断壮大，某些领域的导师也愿意提供远程协助。另外，我们还建立了跨区域导师制度（如土耳其—巴基斯坦、美国—南非等）；每年在加利福利亚州举办创业大奖赛、Cleantech Open Global Forum等活动。根据创业者和导师的反馈，表现优异的导师每年也会获得我们颁发的奖项。”

凯文·布雷思韦特（KEVIN BRAITHWAITE）

全球项目副总裁 @Cleantech Open
cleantechopen.org

“导师 - 企业合作的三种不同形式：

1

我们会根据入驻企业的发展情况，为其介绍加速器项目内合适的导师。

2

每月，我们会将初创企业正面临的挑战，以及希望得到帮助的信息告知导师。

3

我们会举办仅针对导师和入驻企业的活动，希望能擦出一些火花。”

詹姆斯·蒂尔伯里（JAMES TILBURY）

@EnergyLab Accelerator（澳大利亚）

energylab.org.au

“我们会每两周向导师发送更新版企业发展资讯，让他们了解加速器项目内入驻企业的发展状况。另外，导师和入驻企业也有一个独立的沟通渠道，方便彼此交流。

双方可自行商定相关沟通安排。我们会每周与初创企业进行一对一交流，追踪他们与导师之间的沟通情况，了解他们在过去一周完成的工作和未来一周的规划。如果我们发现导师并没有积极履行职责，那么我们将会撤销其导师身份，但保留其与项目的联系。

每年市场关注的领域都有所不同；因此，今年我们会寻找一些了解新兴领域（如区块链）的专家。”

弗雷克·毕斯乔普（FREERK BISSCHOP）

智能能源项目总监 @Rockstart

是否有导师？

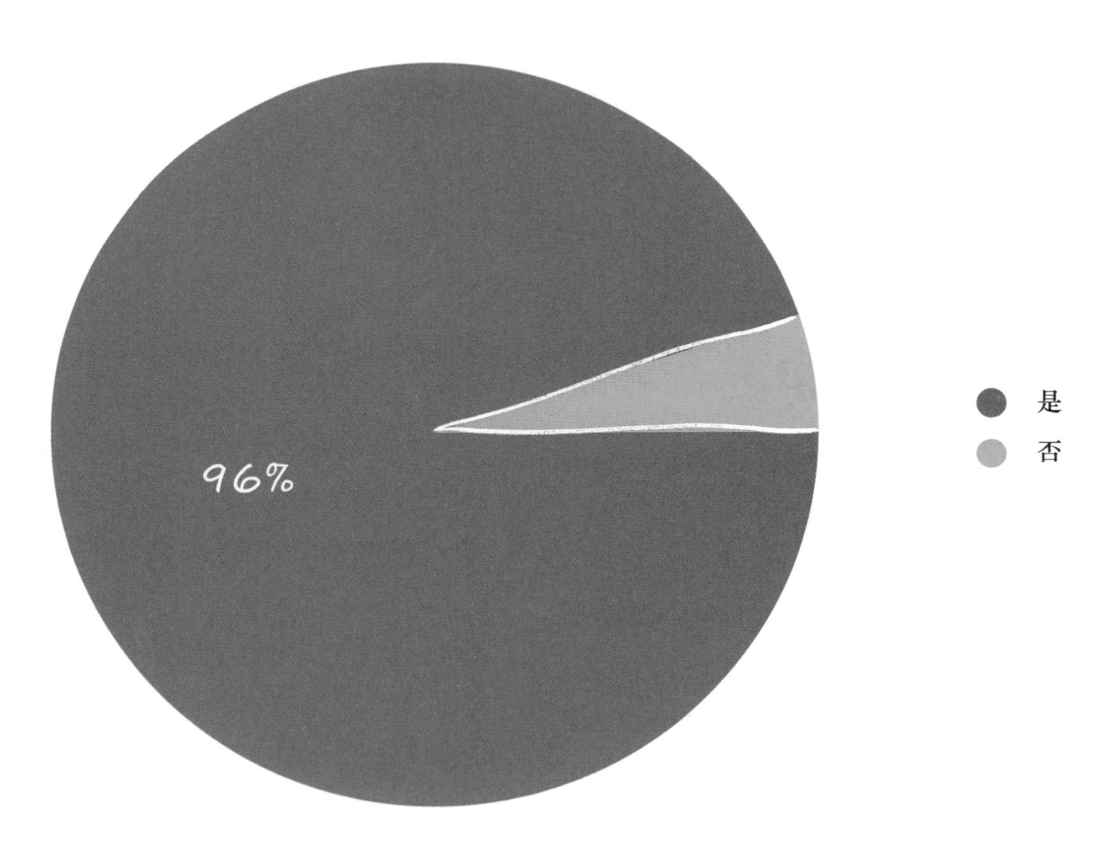

资料来源：基于《New Energy Nexus 调查》，2017 年 11 月。

注：调查对象为分布在美国、亚洲、非洲、中东、欧洲、印度和澳大利亚的 32 家清洁能源加速器，共 25 份回答。

同伴互助学习

加速器其中一个被低估的价值是同伴环境。创业者往往更关注加速器的硬性指标（这当然无可厚非），比如技能培训和“成功者”数据，而忽视其软实力，比如同伴环境。但实际上创业者应该认识到这一点的重要性，并在入驻期间积极融入其中。

我们在 Free Electrons 加速器项目中，有意识地推动同伴互动。在项目第一天，我们要求公用事业公司和初创企业两个团体单独组织会面。在初创企业团体内部，创业者们会分享各自与这八家公用事业公司合作的经验：哪些公司已准备好加快发展？哪些公司只会夸夸其谈，而实际发展缓慢？哪些公司与相关业务单位关系更好？能安排更好的项目？这些信息非常关键，能真正影响初创企业制定策略。同时，这种交流方式不仅使创业者们产生了真挚的友谊，也在项目内营造出了集体感。这一点在项目结束时也得到了验证：公用事业公司决定从 12 家初创企业中，选出它们最喜爱的一家给予 17.5 万美元奖金。但初创企业认为这笔奖金有可能会伤害他们之间的同伴情谊——所以，他们最终决定无论谁是幸运儿，奖金都由大家共享。最终，来自葡萄牙的初创企业 BeOn 获得了这项荣誉，也遵守承诺，与同伴们分享了奖金。这就是友情的力量。

Powerhouse 推出的“同伴互助学习”策略也非常有趣。Powerhouse 是一个位于加利福利亚州奥克兰的联合办公空间，也提供种子轮投资，它支持创业者们为清洁能源产业研发软件解决方案。每周三是 Powerhouse 的开放日（Open House），创业者们会与同伴及参加活动的嘉宾分享他们的工作内容，提出疑问和提议。我曾数次参加过这个活动，但仍然会震惊于它简洁却有效的形式：每个创业者会用 30 秒时间提出疑问和提议，接着其他同伴会立即给出有用的建议或响应提议。

最后，我也曾于 Elemental Excelerator 举办过“项目毕业仪式”：我们组织了一场非常规会议（unconference），即从参与者中收集要讨论的话题。创业者们的回复多种多样，包括深入研究清洁技术和商业模式探讨等。但人气最高的话题当属“创业者应如何应对沮丧等负面情绪”。最终，与会者们在“毕业仪式”上尽情地分享、宣泄了自己的情绪，把所有脆弱一扫而空。

路演日活动

大多数加速器项目都会在结束时举办路演日活动，供入驻企业向访客展示成果，争取签约合作。你可以将路演日活动想象成是“舞林争霸”和董事会的结合体。它既有利于将入驻企业展示给潜在投资人和合作伙伴，也能帮助加速器项目本身将其价值传输给合作伙伴、赞助商、投资人和可能入驻的初创企业。活动通常会提供啤酒，而且会非常有趣。

众所周知，Y Combinator 算是加速器行业的缔造者，它于 2005 年首次推出了路演日活动。时至今日，Y Combinator 不仅扩大了路演日活动的实际规模，而且邀请了 4000 名全球投资人在线观看直播。

“路演日活动非常重要。每个人都开足马力，希望能在活动上有所斩获。许多创始人都说，因为加速器项目的风险很高，所以 Y Combinator 在三个月的项目周期内非常高产。我们也利用 Y Combinator 其他项目做过实验，结果证明如果取消路演日活动，那么加速器项目将缺乏焦点。

我们通常会告诫入驻企业，一定不要在路演日活动前与任何投资人或可能的资助者交流——请专心完善产品。因为这可能是创业者能全身心打磨产品的唯一时光。

在三个月时间里，创始人只需关心产品和用户；而在路演日前十天，项目会进入资金募集阶段。首先，财务和法务团队会与创始人一同浏览所有的文件；其次，在彩排当日，创始人需要面对所有人完成 2 分钟演讲。我们会就演讲内容和呈现效果给予反馈。在这十天里，创始人的主要精力将用于练习、完善演讲和制定资金募集策略。

通常情况下，会有450名投资人亲自出席路演日活动。此前曾投资过Y Combinator入驻企业的投资人可以优先获得活动入场券；当然，所有投资人都能收看在线直播。

线上观看人数大约在4000名左右，他们使创始人有更多机会获取投资。通过软件的支持，投资人可以观看创业者2分钟展示，如果希望进一步接触，可选择“我想会面”按钮，软件将自动把投资人的资料发送给创始人。

在路演日活动结束时，投资人和创始人会互相对其想要会面的对象排名。路演日活动的第二天被称为“投资人日”，在这天，初创企业会坐在桌旁，等待投资人与之交流。有些企业在活动当日即可确定合作关系；但对有些企业来说，这只是后续沟通和尽职调查的开始。”

凯特·马纳拉克（KAT MANALAC）

合伙人 @Y Combinator

“Y Combinator 关于路演技巧的课程非常出色。在加速器项目开始时，我自我感觉良好，直到结束，我才恍然发觉，我的能力发生了质的飞越。

最初，整个演讲往往非常粗糙；接着，你需要一遍又一遍地完善细节，推倒再重建整个结构。但你会发现身边的人都在做着同样的事，他们将支撑着你继续前行。这样的工作会持续两周。如果某次练习不太成功，我会修改出一个新版本，两小时后从头再来。Y Combinator 的导师们知道如何扮演不感兴趣的投资人——没有比这更好的训练了。”

利拉·梅隆（LEILA MADRONE）

创始人 @Sunfolding，入驻 Otherlab 和 Y Combinator

“一次好的路演日活动应该让人感到愉悦，而且能让参与者有所收获。我们会在活动中安排有关艺术和文化相关的内容，提醒人们我们为什么要做这项工作。我们是活生生的人，而不是冷冰冰的数据机器，所以我们希望把大家作为完整的、有情感的个体来对待。”

道恩·利珀特（DAWN LIPPERT）

创始人及首席执行官 @Elemental Excelerator

“在学习了有关绿色商机、商业计划、市场营销战略、人力资源管理和财务的相关知识和技能，并优化其商业计划书之后，创业者们会向专家学者、孵化器负责人以及投资人展示其商业理念。专家们会就如何优化商业模式、团队管理、财务、运营和市场营销等问题给出反馈。这些意见能帮助创业者们发现经营理念中的漏洞，改善经营理念以实现可持续发展，同时提高其演讲和展示能力。

在培训毕业当天，创业者和培训导师还会受邀参加关于创业和可持续发展目标（SDGs）的开放对话。”

武文娟女士及李霄松先生

@ 绿色创业研究中心（Center for Green Entrepreneurship）
对外经济贸易大学（北京）

“我们首先会为路演日活动召开新闻发布会，向公众解释世界自然基金会（WWF）和其合作伙伴如何确认入驻初创企业具备更优秀的、影响气候和能源领域发展的潜力。

在活动当天，创业者们会展示其创新成果；分享在实现快速发展的过程中可能遇到的机遇和挑战。我们设置专业委员会，其成员包括政策制定者、投资人和企业界代表。他们会解释如何应对这些具体机会和挑战，以及可以采取什么措施来推动中国/印度/南非/北欧清洁技术创业者实现快速发展，以减少二氧化碳排放，尽快使更多人摆脱能源贫困。

有许多公共/私营投资人和创业合伙人会来到现场，出席活动。我们也会将公司介绍发布至 *www.climatesolver.org*，供公众查阅，以了解这些创新成果为何对世界如此重要。”

斯蒂芬·亨宁森（STEFAN HENNINGSSON）

气候、能源与创新高级顾问 @ 世界自然基金会（瑞典）

是否会举办类似路演日和结业庆祝仪式的活动？

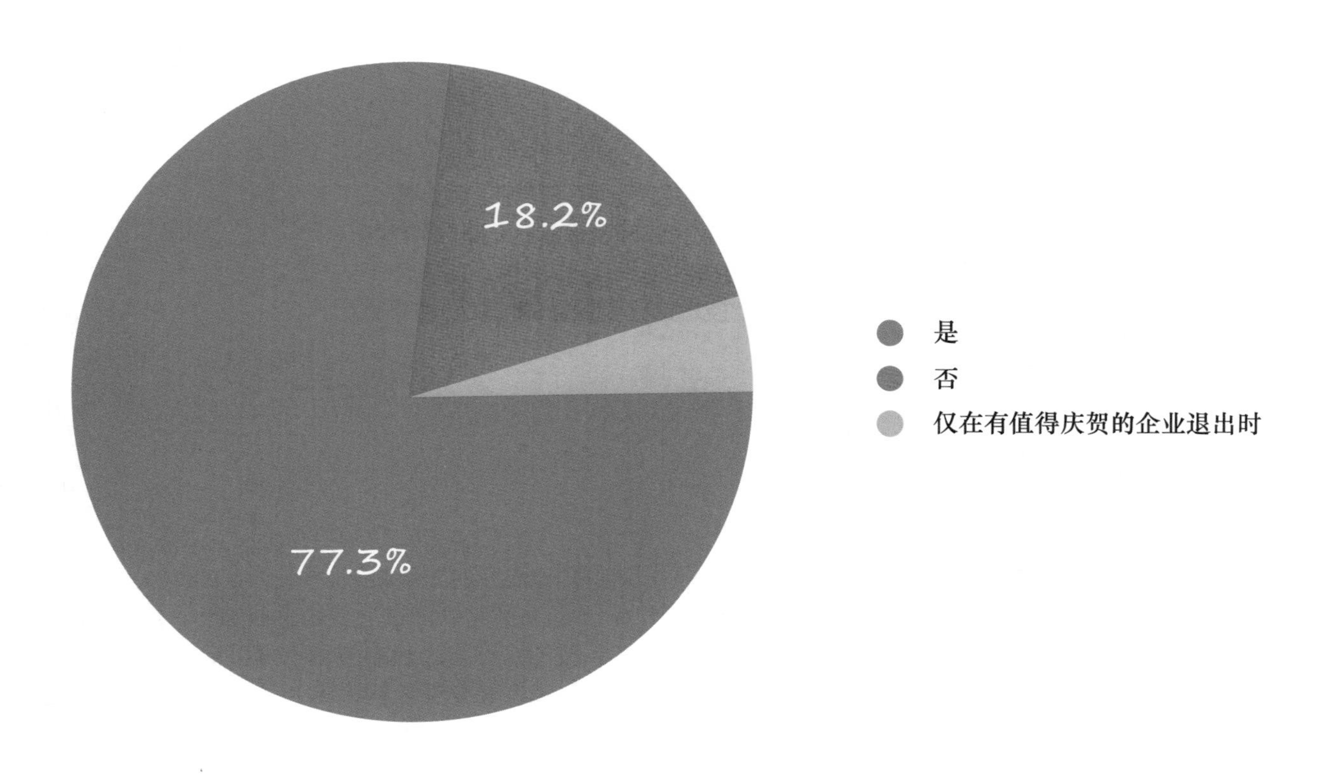

资料来源：基于《New Energy Nexus 调查》，2017 年 11 月。

注：调查对象为分布在美国、亚洲、非洲、中东、欧洲、印度和澳大利亚的 32 家清洁能源加速器，共 22 份回答。

第 4 步：后项目阶段

加速器项目的结束也是新阶段的开始。不同的项目，在这一阶段会呈现不同程度的参与度。但目光独到的人们都知道，项目的成功与入驻企业的成功息息相关；因此，他们会有意识地做出规划，跟进其执行情况，再不断修改完善。

就 Elemental Excelerator 而言，即便在严格意义上，入驻企业在加速器项目中的时间只有 12 ～ 18 个月，但之后他们与加速器的联系绝不会真正结束。我们投入了许多资源（包括时间和人力），定期与所有曾入驻项目的企业交流，追踪他们的发展状况，判断我们是否可以通过投融资、引荐大型企业或公用事业公司合作伙伴，或其他方式向他们提供帮助。这是一项长期投资，特别是在清洁技术这样受监管的“软硬件兼备”的行业。

典型的后项目阶段活动

● 邀请毕业企业参加（加速期项目期间的）活动，其他参与者通常包括之后批次的候选企业、大型企业合作伙伴和投资人。
● 持续获许融入项目的专属人脉网，联结投资人、合作伙伴和顾问。如 Techstars 创建了一个与领英（LinkedIn）类似的内部平台，将旗下遍布全球共 40 个项目的所有导师和创业者链接在了一起。Y Combinator 也为其整个社群建立了一个功能相近的永久性平台。
● 为已结业的企业免费提供办公空间，或允许他们以优惠价租赁该空间。这能帮助加速器项目更加便捷地追踪初创企业的发展动态。
● 不断邀请曾参加过项目的企业回归，培训 / 辅导正在入驻的企业。经验的传承十分可贵，其价值无法替代。邀请前辈企业与初出茅庐的初创企业共聚一堂，是实现经验传承的不二之选。Elemental Excelerator 会自费邀请所有毕业企业的首席执行官们来到夏威夷，度过一个美好的周末——这是连接前后辈企业的重要方式。

“曾参加过 Y Combinator 项目的创业者中，有42% 会每月（至少一次）登录内部平台 Bookface——他们使平台发挥出了应有的作用，也让它收获了很多好评。我们曾问过这些创业者，是什么原因让他们仍然留在 Bookface。他们说，从长远来看，‘校友会’在推动企业成功的过程中功不可没。”

凯特·马纳拉克（KAT MANALAC）

合伙人 @Y Combinator

在初创企业毕业后，是否仍会为初创企业提供与企业发展相关的帮助？

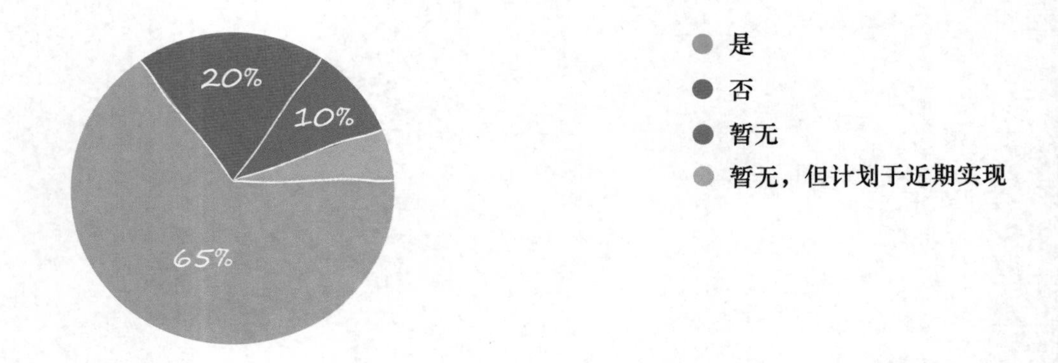

资料来源：基于《New Energy Nexus 调查》，2017 年 11 月。

注：调查对象为分布在美国、亚洲、非洲、中东、欧洲、印度和澳大利亚的 32 家清洁能源加速器，共 20 份回答。

是否为入驻企业和其他利益相关者创建了线上沟通的平台？

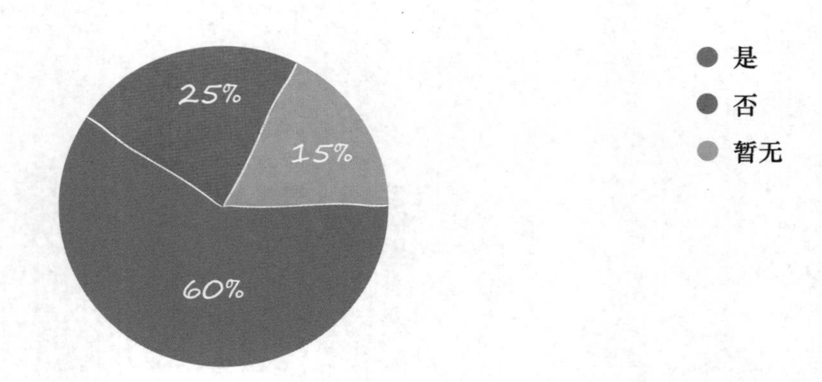

资料来源：基于《New Energy Nexus 调查》，2017 年 11 月。

注：调查对象为分布在美国、亚洲、非洲、中东、欧洲、印度和澳大利亚的 32 家清洁能源加速器，共 20 份回答。

项目结束后，是否仍然为企业提供辅导支持?

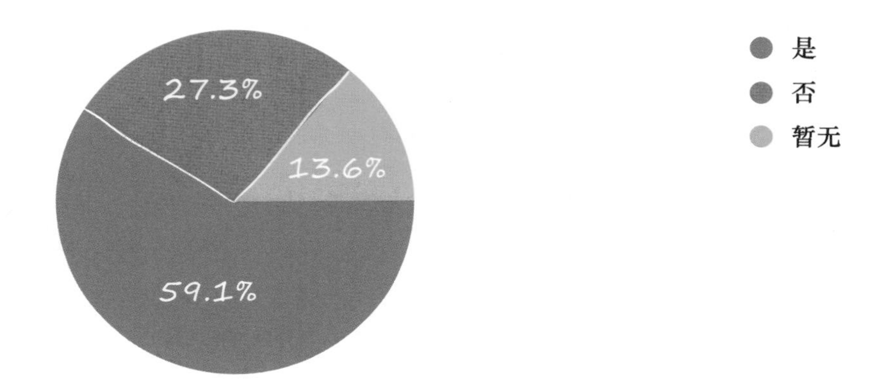

资料来源：基于《New Energy Nexus 调查》，2017 年 11 月。
注：调查对象为分布在美国、亚洲、非洲、中东、欧洲、印度和澳大利亚的 32 家清洁能源加速器，共 22 份回答。

在初创企业结业后，是否仍会为其提供办公空间?

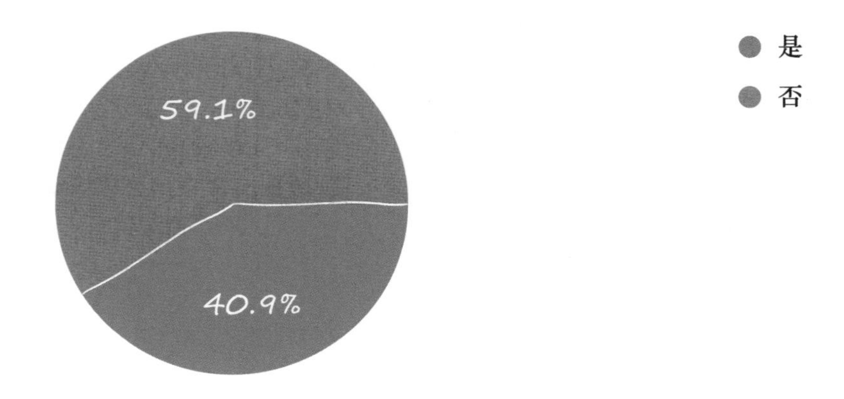

资料来源：基于《New Energy Nexus 调查》，2017 年 11 月。
注：调查对象为分布在美国、亚洲、非洲、中东、欧洲、印度和澳大利亚的 32 家清洁能源加速器，共 22 份回答。

商业模式

任何加速器项目，不管是否以营利为目标，都需要维持运营。所以同所有企业一样，加速器项目也应该有自己的商业模式。加速器应该了解所有可能的模式；创业者也应该关注项目的驱动力和关键绩效指标（key performance indicators，KPI），因为这些因素能影响加速器项目的本质和对初创企业的选择。

股权融资深受媒体和公众的关注和青睐，但实际上，加速器项目很难通过这种方式实现盈利。因为它会受到很多因素的影响，比如时间：软件和应用程序开发公司希望在 3 ～ 5 年内实现盈利，但清洁技术公司所需的时间通常为 5 ～ 10 年。而最重要的影响因素则是初创企业市值。

许多研究表明，初创企业的失败率为 90%。但我认为这个结论仍稍显乐观，因为有些规模较小、自筹资金建立的初创企业往往并没有被纳入调查范围。假设你一年投资 6 家初创企业，向每家企业投入 10 万美元，换取各家 5% 的股权。再假设你非常幸运，5 年过去，在你投资的 30 家初创企业中，有 3 家（即 10%）成功以 500 万美元的总价被收购。也就是说，经过五年时间，300 万美元的投资只换回了 75 万美元的回报。这个结果并不乐观。以同样的比例投资再多的初创公司，你也不会获得更高的回报。如果要想收回成本，加速器项目必须保证初创企业以更高的价格被收购。也就是说，只有当总收购价达到 2000 万美元时，项目才能收回投资成本（300 万美元），而这还不包括人事、办公空间、机会成本等一系列其他成本。

《经济学人》在 2014 年 1 月的一份报告中指出：“创业加速器行业的财务状况开始显现。就职于谷歌伦敦办事处的杰德·克里斯蒂安森（Jed Christiansen）追踪研究了 182 家加速器，它们一共培育了 3000 余家初创企业。其中，部分企业募集了 32 亿美元的后续资金，并以 18 亿美元的价格被收购。以 Y Combinator 和 Techstars 为首的美国公司在该领域独占鳌头，这意味着创业加速器行业面临的是一个赢家通吃的市场。”

启动你的引擎

顶级加速器为毕业企业提供的后续资金总额
（按区域划分，单位为百万美元）

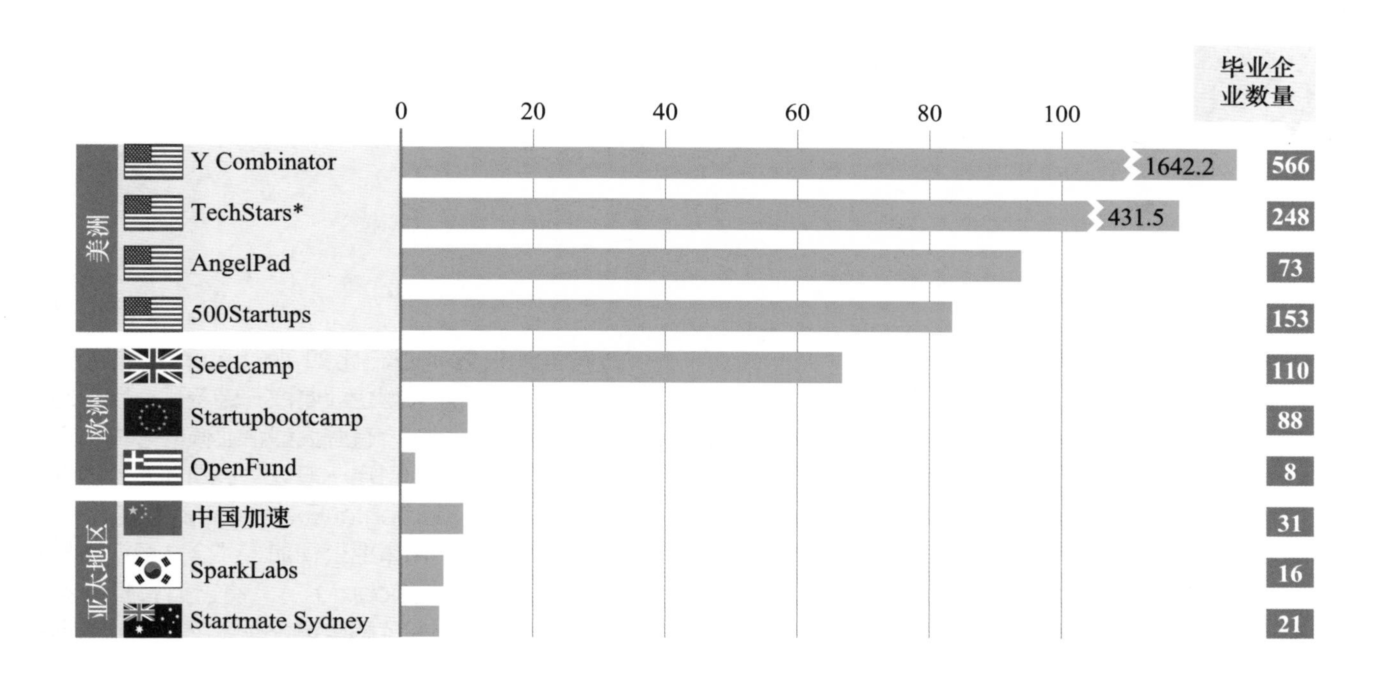

资料来源：《创业加速器：全力加速》，《经济学人》特别报道（2014 年 1 月 16 日）。

假设，初创企业以 18 亿美元的总价被收购，按照 Y Combinator 股权让渡比例 7%，则投资产生的回报仅为 1.26 亿美元。这仍然不能保证加速器项目可以持续运营。另外，这也证明了《经济学人》研究结论的正确性——能够为少数几家公司带来超额回报的创业加速器占据市场主导地位，从而实现盈利。

因此，尽管股权是最公开的信息，但它极其不可预测，过度依赖股权会让加速器走向覆灭的深渊。因此，加速器通常依靠外界投资和其他活动来盈利和维持运营。

外部投资：政府和基金会资助

一般情况下，这种投资都是基于初步亏损（first-loss）或慈善原则拨给加速器使用。因为国家、省、市政府需要加速器带动更普遍的经济增长；基金会或其他慈善组织需要通过资助加速器来履行某项使命。Elemental Excelerator 非常幸运，从美国海军（US Navy）、美国国家能源部（Department of Energy）和艾默生基金会（Emerson Collective）处获得了投资。其中艾默生慈善机构是由史蒂夫·乔布斯（Steve Jobs）的遗孀劳伦·鲍威尔·乔布斯（Laurene Powell Jobs）成立的非营利性机构。

外部投资：大型企业

有些加速器项目，比如 Techstars，非常依赖这种方式：它们向大型企业收取一定费用，以帮助其创新项目运营。当然，有些大型企业倾向于内部运营这类项目，而相应的费用一般以“长期创新”的名义自行承担。以 Elemental Excelerator 为例，它会邀请大型企业和公用事业公司加入“全球顾问委员会（Global Advisory Board）”，使它们有机会参与筛选流程，第一时间了解申请企业情况和其他市场资讯。

活动

各种类型的活动（包括小型活动和大型会议等）产生的门票收入。

项目费和申请费

少部分加速器项目，如Founder Institute，会对参与项目的初创企业收取2000美元的项目费。而许多加速器项目会收取申请费。

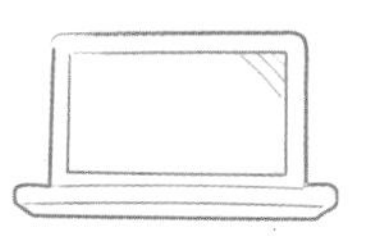

办公空间

向入驻企业收取办公空间租金是弥补加速器项目收入并维持社区活力的有效方式。关于此点，可参考上文有关“办公空间”的详细描述。

五种融资渠道

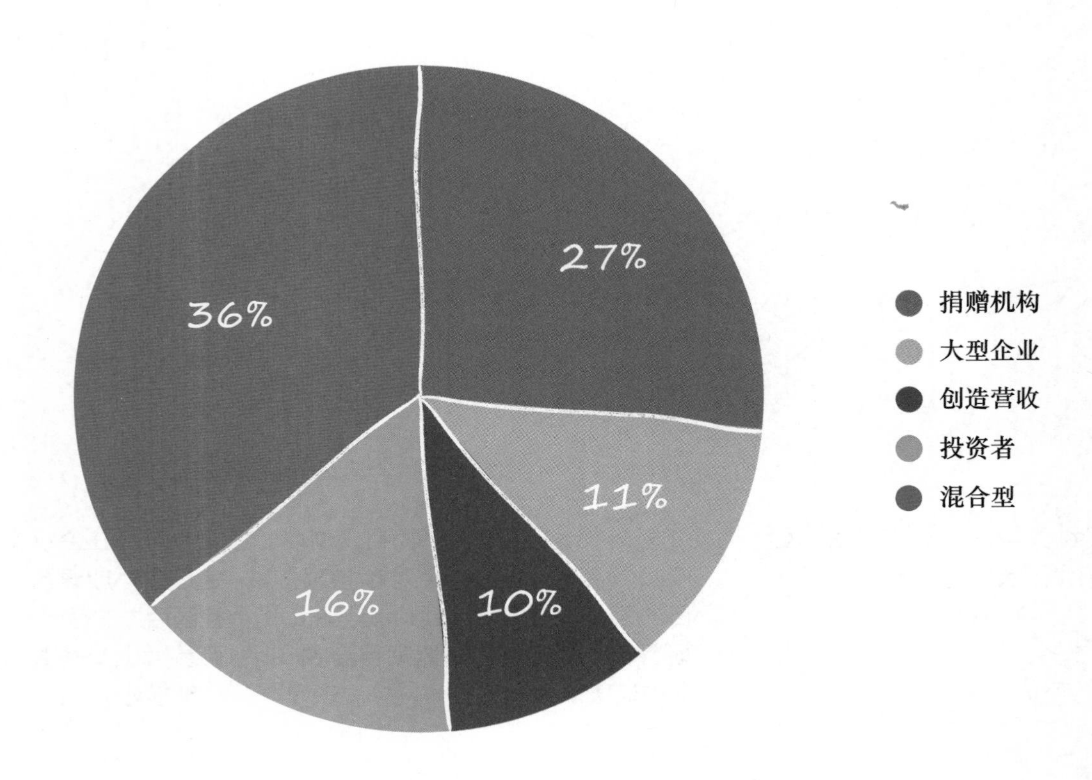

资料来源：《资助加速器项目：来自实践领域的若干问题》（Funding Accelerator Programs: Questions from the Field），GALI（2017），4。

创造营收的四种主要方式？

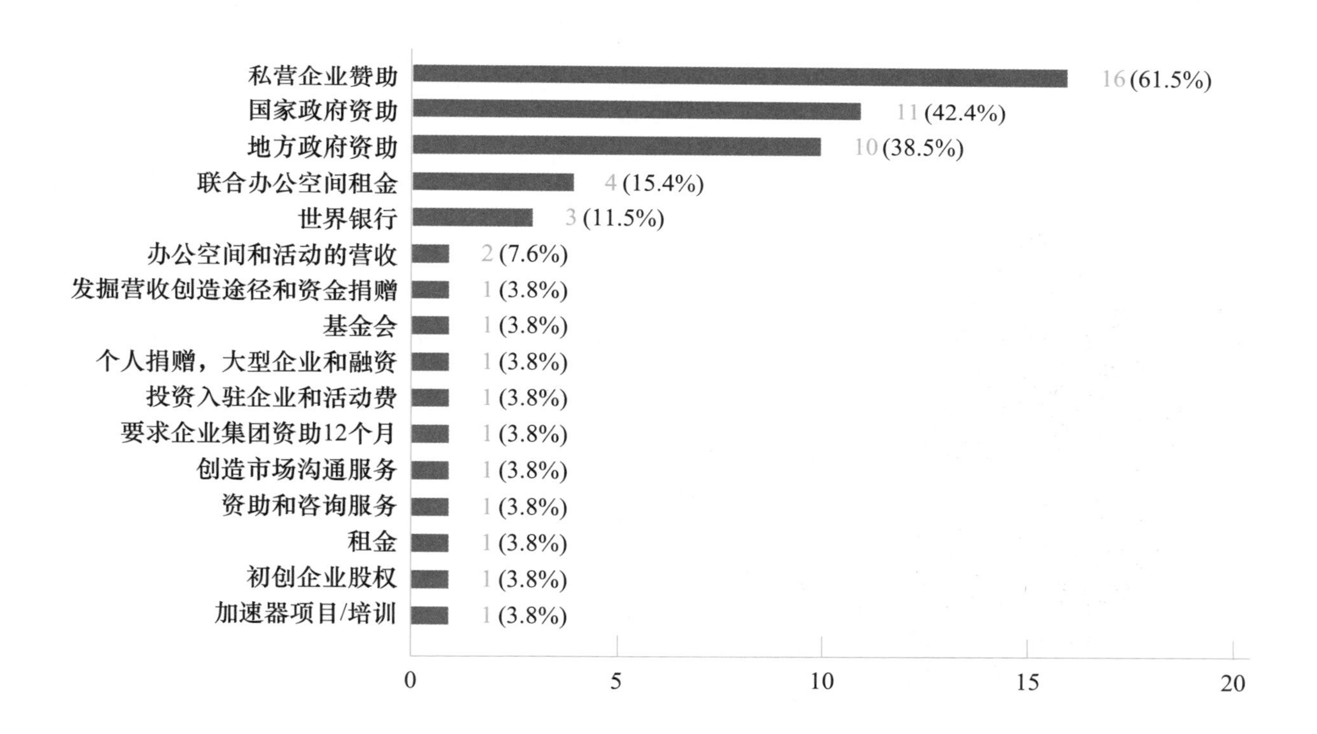

资料来源：《资助加速器项目：来自实践领域的若干问题》（Funding Accelerator Programs: Questions from the Field），GALI（2017），4。
注：共 26 份回答。

加速器项目是否盈利？

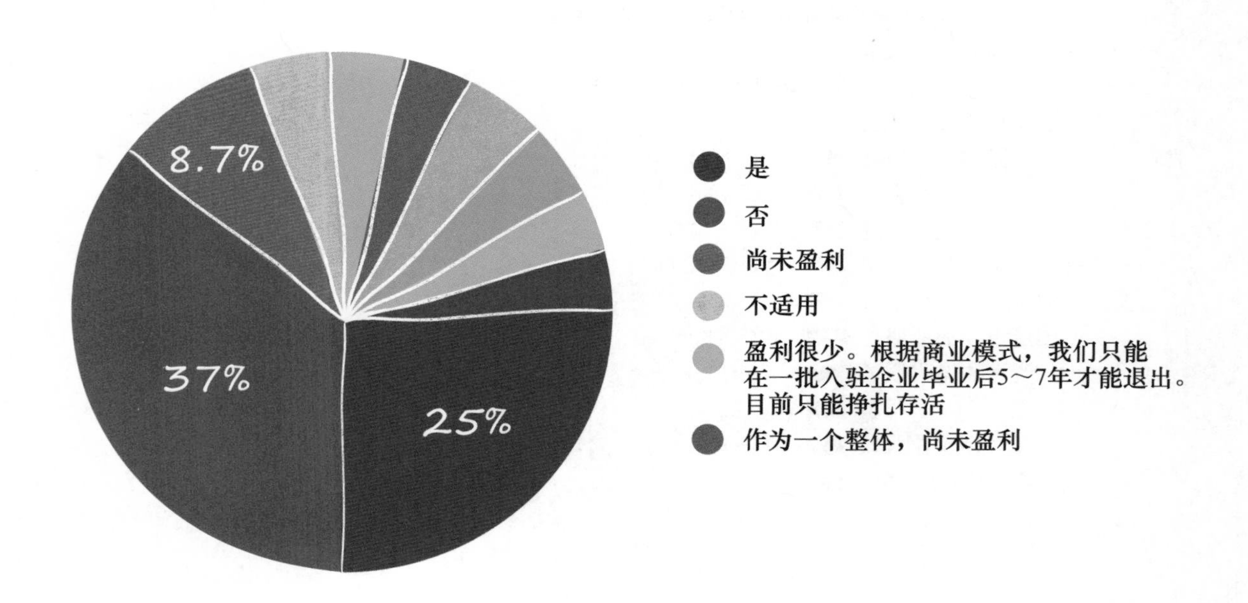

资料来源：基于《New Energy Nexus 调查》，2017 年 11 月。

注：调查对象为分布在美国、亚洲、非洲、中东、欧洲、印度和澳大利亚的 32 家清洁能源加速器，共 23 份回答。

非营利性加速器/ 营利性基金混合模式

目前流行的模式是将加速器作为非营利性机构运营，然后设立一个营利性后续基金，该基金会向加速器支付费用。这使加速器在接受资助的同时，也能享受非营利性机构的税收优惠，而它也能帮基金承担筛选申请企业，尽职调查和审查的责任。基金通常会按照“2+20”的模式运营，即基金会自动收取 2% 的资金管理费用和 20% 的盈利，其中一部分收入用于支付加速器筛选和审查服务的酬劳。

Elemental Excelerator 基金一号（Fund One）

2016 年，Elemental Excelerator（EEx）新增营利性创投基金，完成向非营利性 / 营利性混合模式转型。该基金运营模式为“0+30”，即免收资金管理费，30% 的基金盈利会支付给加速器。

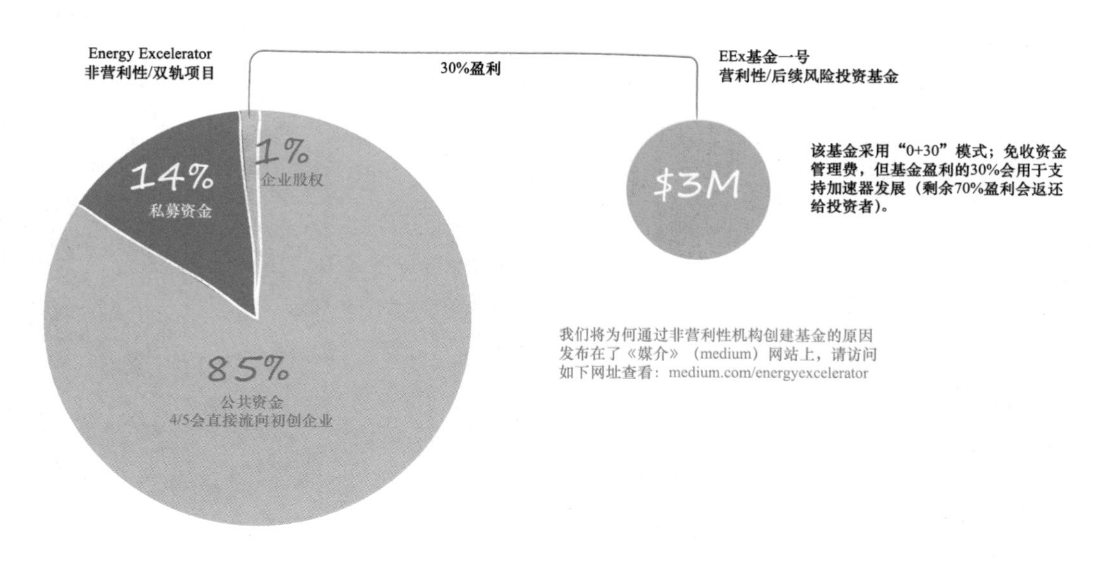

资料来源：《2015–2016 Elemental Excelerator 影响报告》，Elemental Excelerator（2017），19。

EEx 后续基金简介：

- 投资金额不等，旨在创造多样性。投资人包括大型企业、律师、个人投资者和非营利性机构。
- 前期调查及基金建立耗时一年，此间募集了 300 万美元资金。
- 基金已完成 90% 的初创企业投资，预计在 2018 年底完成全部投资。
- 两条投资标准：
  1. 初创企业曾参加过 EEx 项目，并顺利毕业；一直保持着良好的声誉。
  2. 初创企业从有资格的投资者处已募集了至少 30 万美元资金。
- 基金能获得的让渡股权取决于初创企业的规模，但通常来说是所有投资者中最少的。因为许多初创企业募集了数百万美元投资，但基金只提供了 30 万美元。

“除可为入驻企业营造生态系统和团队意识之外，加速器和孵化器还保证初创企业在发展中后期仍能获得规律、持续的资金支持。通过参与初创企业发展的全过程，加速器和孵化器不仅可以获得投资收益、学习市场知识，还能为再次投资该专业领域内的其他企业积累经验。”

卢佩西 • 马德拉尼（RUPESH MADLANI）

前股票分析师 @ 雷曼兄弟（Lehman Brothers）和巴克莱资本（Barclays）

联合创始人 @Global Sustainable Capital Management

联合创始人 @Bankers Without Boundaries

但是，加速器难道不是现金牛吗？

如果你只是通过新闻了解加速器，那么确实很容易产生这样的想法。人们通常以为，加速器只需招募一批企业入驻，通过投资让每家入驻企业让渡一点股权，就能坐收盈利了。然而，这不过是幸存者偏差造成的误解。你只看到了 Y Combinator 因为实现高额的市场退出而上了报刊头条，却不知道有多少加速器项目正勉强度日，不断赔本，或依靠额外资助才能继续运营［正如比尔 · 克林顿（Bill Clinton）所说，这是“头条”与“趋势”之间的鸿沟］。如前文所说，通常情况下，仅靠投资企业的市场退出并不可行。

创造营收的四种主要方式？

“ • 企业赞助
• 政府资助
• 场地租用
• 联合办公空间租金 ”

詹姆斯·蒂尔伯里（JAMES TILBURY）

@EnergyLab（澳大利亚）

energylab.org.au

ACRE 属于非营利性机构还是营利性机构？

“非营利性机构。”

创造营收的四种主要方式？

“纽约州能源研究和发展管理局（NYSERDA，最主要来源）；纽约大学（ACRE 是纽约大学所属加速器）；大型企业赞助；入驻企业支付的租金（远低于市场价）。”

粗略来看，加速器项目的投资回报率应如何计算？

“杠杆作用是加速器项目最简单的投资回报率算法：在上一份合同中，NYSERDA 每为 ACRE 投资一美元，入驻企业都需要从私募市场募集 100 美元。自 2009 年以来，我们的入驻企业已从私募市场融资逾 3.5 亿美元（不包括资助），雇佣了超过 340 名员工，存活率超过 90%。”

约瑟夫·西尔弗（JOSEPH SILVER）

@Urban Future Lab/Accelerator for a Clean and Renewable Economy（ACRE）

ufl.nyc

ROCKSTART 会投资入驻企业吗?

“会，我们通常以可转换票据的方式向每家入驻企业投资 2 万美元。”

ROCKSTART 是否要求入驻企业让渡股权?

“我们要求入驻企业让渡 8% 的股权，以换取 2 万美元可转换票据和价值 5 万美元的服务（办公空间、服务、行政、法律咨询、市场推广和品牌服务）。另外，我们还可为入驻企业提供免费使用亚马逊（Amazon）、微软（Microsoft）、Azure、Slack 等云服务的权利。微软是该智慧能源项目的合作伙伴，会为项目提供额外津贴，并组织培训。”

ROCKSTART 的商业模式是什么？

“我们是一个营利性机构，有四个主要的营收渠道：投资、赞助、活动费和大型企业委托举办的除加速器项目以外的活动，比如培训、会议、大奖赛等。各渠道在营收组成中的占比分别为：投资——75%，赞助与活动费——10%，大型企业委托举办活动收入——15%。每一批入驻企业的运营成本将近 100 万美元。”

ROCKSTART 项目是否营利？

“盈利很少。根据商业模式，我们只能在一批入驻企业结业后 5 ~ 7 年才能退出市场。”

ROCKSTART 项目的投资回报率如何计算？

“我们认为加速器项目的投资回报率即是初创企业的价值。衡量的标准是：初创企业得到了多少投资，每年的投资回报率通常在 20% ~ 40% 之间。但这些都是估值，我们直到最后退出市场才能知道具体的投资回报率是多少。”

弗雷克·毕斯乔普（FREERK BISSCHOP）

智慧能源项目总监 @Rockstart

管理，领导力，关键绩效指标

加速器需要的管理、领导力和关键绩效指标（key performance indicators，KPI）的形式，往往随其定位不同而有所变化。营利性项目倾向于采用营利性机构的典型结构，比如设置首席执行官（CEO）和董事会；而非营利性项目会安排执行理事（executive director）和董事会。但无论形式如何，目标都是平衡权力。与初创企业一样，加速器领导者的性格、智慧和干劲也非常重要。一个卓越的领导者能在吸引企业入驻、融资和寻找合作伙伴等方面发挥重要作用。

加速器项目应设置哪些**KPI**？

虽然重要性相差无几，但具体内容却因人而异。总体而言，加速器项目方可从三个角度考虑，选择适合自己的 KPI：

- 投资者的要求。如果投资者是非政府组织或银行这样的大型机构，已有的一系列考核标准已经清晰阐述了他们的要求。但同时，由于这些大型机构对创新领域的了解并不彻底，所以加速器项目方需要根据实际情况，对这些考核标准进行调整。
- 入驻企业被考核的标准。投资者和投资机构可能会设定入驻企业的考核标准（包括业务标准和影响力标准），因此加速器项目标准最好与入驻企业被考核的标准保持一致。
- 国际考核标准。对于关注企业影响力的加速器项目而言，这一点尤其重要。项目方可以从联合国可持续发展目标（Sustainable Development Goals）这样的国际性文件中获得制定 KPI 的灵感。

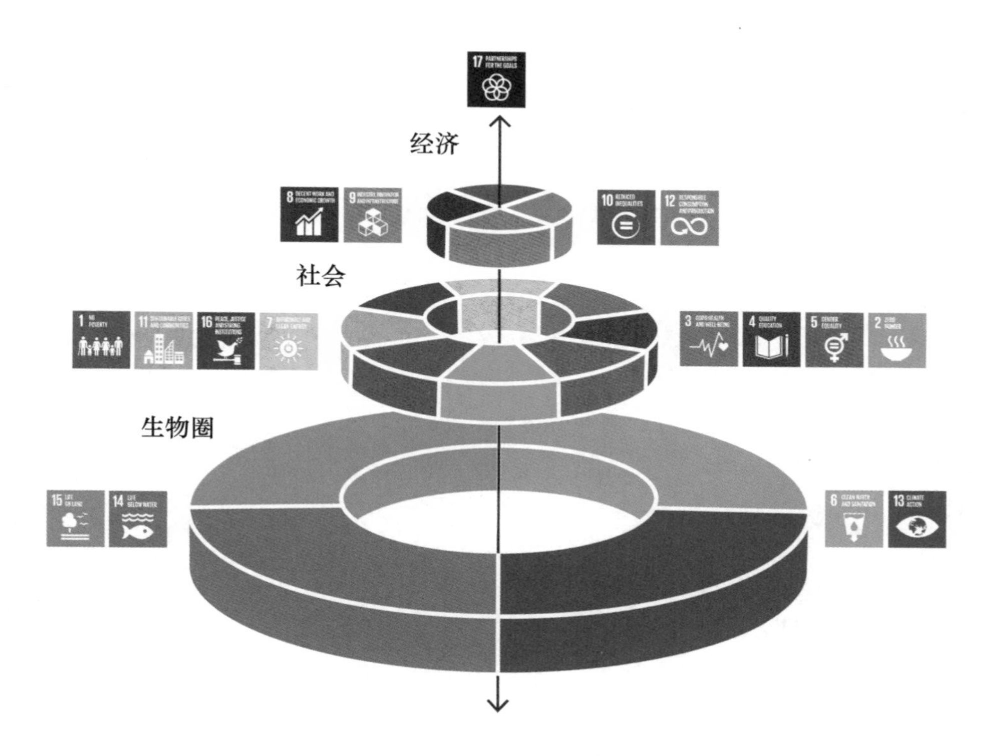

资料来源：斯德哥尔摩社会生态系统应变及发展研究中心（Stockholm Resilience Centre）。

Sarebi 如何管理加速器项目？

“我们成立了一个董事会和一个顾问委员会，顾问委员会负责制定策略，董事会则负责监管策略、财务状况和其他管理事项。我们聘请了多位外部审计人员和一名外部企业秘书，并按季度召开董事会会议，从而保证了管理流程的严谨性。我们制定了董事会选举流程，建立了正式的年度审查程序，用以评估董事会和董事的业绩表现。”

KPI：如何判断加速器项目是否成功？

“
- 新成立的中小企业数量
- 创造的就业机会
- 支持的中小微企业数量
- 客户支持情况
- 入驻企业的营收增长情况
- 入驻企业的盈利情况
”

赫尔穆特·赫尔佐格（HELMUT HERTZOG）

@Sarebi（南非）

sarebi.co.za

WWF 创造营收的主要方式？

“慈善机构和大型企业资助，包括瑞典邮政彩票（Swedish Postcode Lottery）、麦克阿瑟基金会（MacArthur Foundation）、Dustin Home、政府机关和跨国机构。”

WWF 的项目是否盈利？

“作为一个整体，尚未盈利。气候创行者负责加速筛选出的一批极具影响力的初创企业，这些企业的主要目标是使更多人有机会利用可再生能源，减缓气候变化。我们希望在各项投资的支持下，增加初创企业的影响力。”

WWF 运行项目的成本大约为多少？

“2017 年的预算是 63 万欧元。WWF 市场团队在举办路演日活动时，还会提供其他实物资助。”

如何判断WWF 项目是否成功？

“二氧化碳减排量。由于已从 WWF 项目毕业的 100 位创业者并没有以统一的格式向我们汇报二氧化碳减排量，因此目前我们还没有计出总数，但粗略估计，他们共减少了 2200 万吨二氧化碳排放。”

“
- 已经摆脱能源贫困并获得清洁能源的人数，目前已有大约 74.9 万人。
- 创造的就业机会。
- 在创新清洁技术生态系统方面，国家政策和财政支持的积极变化。

”

WWF 如何确定加速器项目拥有增益性？

“
- 每两年，我们会利用 SurveyMonkey 做一次调查。
- 与入驻气候创行者期间相比，各初创企业员工总人数增加了53%。
- 60% 的初创企业注意到，在入驻气候创行者后其业务咨询量显著上升。其中，中国和南非两地的增幅最大。
- 71% 的企业表示入驻气候创行者使他们在接触全然陌生的金融机构和投资者时更加自信。
- 69% 的企业表示气候创行者提供的资料对创新成果的推广大有裨益。”

斯蒂芬·亨宁森（STEFAN HENNINGSSON）

气候能源与创新高级顾问 @ 世界自然基金会（瑞典）

请访问 SlideShare：https://bit.ly/2LbgV3q，以获取各国 2017 年调查结果。

ACRE 的管理结构是什么样的？

“ACRE 隶属于纽约大学，由负责创新创业的副校长直接管理，执行总监由纽约大学 Cleantech Initiative 指派，其他员工包括：两名项目经理、一名社群经理、一名设计主管和一名助理。另外，我们还成立了一个顾问委员会，由执行总监负责成员任命。”

约瑟夫·西尔弗（JOSEPH SILVER）

@Urban Future Lab/Accelerator for a Clean and Renewable Economy（ACRE）

ufl.nyc

SANGAM VENTURES 项目的投资回报率应如何计算？

“我们寻找的是能够影响全球发展和减缓及适应气候变化的企业。我们希望所支持的企业能够开发具有增益性 / 新意、可负担、可获得性和实用性的产品 / 服务。我们期待在加速器项目结束时，初创企业所研发的产品 / 服务能够满足市场需求，同时自身也具备了融资能力。”

斯塔莲・沙玛（STARLENE SHARMA）

@Sangam Ventures

sangam.vc

“我们判断是否成功取决于我们所带来的改变和影响有多大。比如，通过培训后，初创企业对绿色 / 可持续发展的理解程度和创业者运营企业的能力发生了怎样的变化。”

如何确定你正在创造改变/ 拥有增益？

“每个加速器项目结束后，我们都会对所有入驻企业进行深入、全面的调查。根据创业者的反馈，他们最大的收获包括灵感、反思、专业知识、全面系统的思考方式和关于可持续发展目标的知识和有关工具。这也正是项目的初衷：不仅提高初创企业的能力，同时为他们打下了可持续发展的基础。”

武文娟女士及李霄松先生

@ 绿色创业研究中心（Center for Green Entrepreneurship）

对外经济贸易大学（北京）

初创企业生态系统中最重要的利益相关者是哪些?

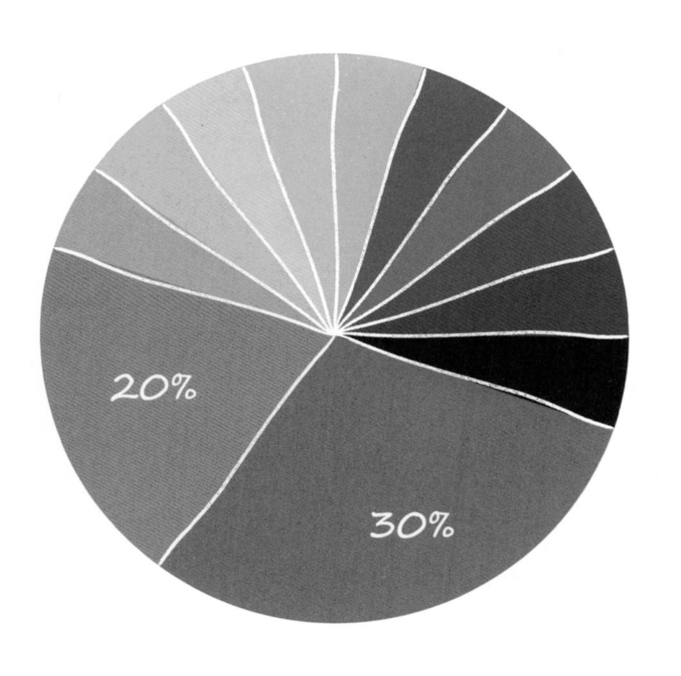

- 投资人
- 政府
- 私营公司
- 其他加速器项目
- 投资者，其他孵化器及其供应链
- 初创企业的客户
- 地方企业
- 所有利益相关者都非常重要。关键的是彼此之间关系的质量和深度
- 行业领域
- 初创企业/创业者
- 地方创业生态系统
- 政府机构，大学和国家级实验室，公用事业公司，战略合作伙伴，社群和客户

资料来源：基于《New Energy Nexus 调查》，2017 年 11 月。

注：调查对象为分布在美国、亚洲、非洲、中东、欧洲、印度和澳大利亚的 32 家清洁能源加速器，共 20 份回答。

Rockstart 的管理结构是什么样的

“我们采用了扁平化的组织结构。四位创始人中，三位全职参与日常运营，另一位将四分之一的时间投入加速器工作中。”

“管理团队共有六名成员（其中包含两位创始人）；监事会类似于指导委员会，由四名成员组成，对 Rockstart 至关重要的决定需要经过监事会讨论批准。”

Rockstart 如何确定加速器项目拥有增益性？

“我们考察的对象包括后续资金规模，资金募集情况和新增就业机会。作为智慧能源项目，二氧化碳减排的潜在作用也是衡量项目影响力的因素之一。”

弗雷克·毕斯乔普（FREERK BISSCHOP）

智慧能源项目总监 @Rockstart

VCIC 的管理结构是什么样的？

“项目总监由越南中央政府科学技术部指派，负责监管整个项目进展，具体工作情况直接向科学技术部部长汇报。投资组合经理负责管理入驻企业，世界银行为项目提供全年技术援助，一年两次召开面对面会议以视察项目进展和制定行动计划，同时每月还会召开电话会议。”

阮田（TIEN NGUYEN）

商业化专家 @ 越南气候创新中心（Vietnam Climate Innovation Center，VCIC）

vietnamcic.org

生态系统建设 / 利益相关者

通过举办活动、开展教育课程、建设社群等互利共赢的方式，加速器项目的生态系统得以形成良性循环。那些聪颖睿智、目光长远的加速器项目更能体会到“无私奉献”背后蕴藏的深意；也能充分理解“如何对待被淘汰企业”一节中的理念——即创业是一个长期的过程，帮助创业者学习、进步最终也会使项目受益。

以 Techstars 为例，它非常重视发展自己的生态系统——通过“Startup Weekends”等活动，帮助加速器项目建立招募初创企业的渠道。另外，Techstars 与毕业企业始终保持着联系——每年都会举办“创始人之约（FounderCon）”活动，邀请散布于世界各地、从事不同行业的创始人们齐聚一堂，增进彼此间的联系与感情。通过线下 / 线上活动和交流，其拥有的一万名导师和三千余位投资者始终保持着较高的活跃度，这也使得 Techstars 能够持续扩大其行动和影响力的覆盖范围。

显然，不同的加速器项目应该根据实际情况（项目规模和员工人数）调整目标大小。但无论如何，请牢记一个加速器项目应该具有的优良品质，同时也不应忘记，对于投资人、创业者和任何想要了解某一行业及其分布的人，项目本身就极具价值。这让我们开始思考利益相关者和股东之间的关系——前者是你以不易察觉的方式影响（或被影响）的人，后者是你能直接影响的人。借助利益相关者地图，好的加速器项目和精明的初创企业能够确定利益相关者，并会针对不同的利益相关者制定相应的互动策略和目标。在与地方政府交流互动时，加速器项目的互动策略应以鼓励为主。

我们在加速器项目开始时就会告诉创始人：

“在接下来的三个月里，你可以尽情地向加速器项目的合作伙伴、毕业企业或其他所有可能的资源求助。但当你毕业后，你应该帮助其他初创企业来回报你曾接受的善意。”

凯特・马纳拉克（KAT MANALAC）

合伙人 @Y Combinator

“我们充分利用活动和展览空间，推出了许多针对更广泛社群的活动，比如黑客马拉松、推介会等，所有毕业企业都会受邀出席；在举办推介会时，也会邀请投资人。”

约瑟夫・西尔弗（JOSEPH SILVER）

@Urban Future Lab/Accelerator for a Clean and Renewable Economy（ACRE）

ufl.nyc

“GreenBiz 和 Verge 会议的重要工作之一就是与加速器开展战略合作。大型企业、发展中城市和公共事业公司的高级领导人是我们线上传播和线下会议的主要受众，他们在可再生能源、清洁交通运输、减少浪费等领域面临着真实但巨大的挑战（和机遇）。与加速器合作使我们得以沟通决策者和创业者：后者能帮助前者解决所面临的困难，并协助我们完成企业使命——（以传媒力量）加速发展清洁经济。”

莎娜·拉帕波特（SHANA RAPPAPORT）

战略项目总监 @GreenBiz Group

初创企业生态系统中最重要的利益相关者是哪些？

“对于我们来说，最重要的利益相关者包括地方初创企业生态系统、投资人、大型企业合作伙伴和导师。特别是大型企业合作伙伴，他们在加速器项目中发挥了重要的作用，甚至有时候，他们还会派遣员工常驻加速器，利用商业与技术方面专长为初创企业提供帮助，同时作为业务接口提供帮助。”

特雷弗·汤森德（TREVOR TOWNSEND）

首席执行官 @Startupbootcamp Australia

startupbootcamp.org

“从小到大我都喜欢帮助别人，为其他人带来欢乐是我的乐趣所在。所以在我发现烹饪不仅能让人们果腹，还能带来快乐后，我自然而然地成为了一名厨师。我曾供职于脸书帕洛阿尔托总部，但很快发现，手中的厨刀和灶台上的火焰只能为一部分人带去食物和欢乐。所以，我决定创办一家企业，让更多人能够感受到食物的美好。

受脸书周末黑客马拉松的启发，我创办了第一家企业——食物黑客马拉松（Food Hackathon），并取得了巨大的成功。我们接待了来自五个国家共计 250 名客人，并创造了我所体验过的最激动人心的周末相互学习环境。人们在这里分享创意、建立联系、打破陈见。享受着我们提供的美味、营养、价格公道的美食，每个人都在这里度过了一个美好的周末。很快，食物科技（FoodTech）成为了炙手可热的新行业：无数人开始复制我们的模式，并将食物黑客马拉松开到了世界各地。

在举办活动的过程中，我逐渐领悟到了是什么使黑客马拉松如此成功（虽然过程通常并不美好）。

黑客马拉松成功的五个关键要素

1. 积极的态度　重点关注可能成功的创意，但绝不轻易否定任何一个创意。

2. 参与难度较低　将活动时间定在周末，且定价公平合理（为确保人们到场参加，请收取一定费用）。

3. 社交环境　提供人们自由交流的区域，以促进相互交流与学习。

4. 多样性　邀请具备不同技能、背景、受教育程度、文化和社会经济身份，以及来自不同种族、年龄段的人参与活动，同时确保男女比例均衡。

5. 趣味性　庆祝人们为实现更大的目标而走到一起！精心准备食物、音乐、啦啦队、奖品、惊喜和表演节目，确保每个人都能全程参与。

请将这个故事及由此得出的经验教训应用至你所在的行业、社群，并将之传授给你旗下网罗的人才。愿你创造必需且积极的社会环境和全球变化，推动人类向前发展。也愿你们在为他人带来欢乐的同时，自己能感到满足。”

蒂姆·韦斯特（TIM WEST）

创始人及首席执行官 @True West Ventures

如何建立
一个加速器?!

毋庸置疑，运营一个加速器项目绝非易事。试想一下：你正运营一个加速器，但加速器的成功仰赖于其他经验不足的初创企业是否成功。这很难，需要付出很多努力——但如果成功，所获得的回报将超乎你的想象。

我给加速器员工和领导者的建议是：采用倒推法，以最终想要获得的影响力为设计起点。接着，综合以下因素进行分析：团队能力及人脉网，所在领域和地区的企业需求，其他加速器失败的原因及宏观行业因素。

如何实现这一切？融入外界环境，提出有价值的问题，学会聆听，寻觅合适的合作伙伴，立足于长远。比如，Free Electrons 想要寻找能与公用事业公司合作创造颠覆性改变的初创企业，因此要求项目运营方必须能募集最少 100 万美元资金，并拥有可投入量产的初创企业产品。再比如，Elemental Excelerator 为了帮助初创企业规避两个死亡谷，设计了两条发展轨道。以及，Center for Carbon Removal 为了启动一个新行业，举办了“投资者之日”活动，通过聆听、调查、面谈，收集了大量资料。

具体步骤如下：

确定目标，倒序设计

我将这种以目标为导向的方式称为“逆向工程”。比如，如果项目目标是通过各种途径减少对化石燃料的依赖，那么你将如何一步步实现它？你是应该花时间将现有技术商业化？还是花钱使入驻企业与政府机构、公用事业公司、企业集团合作？目前能借助的结构和项目有哪些？如果营利是唯一目标，那么正蓬勃发展的领域有哪些？你了解并有能力涉入的领域有哪些？你有哪些策略可以吸引企业入驻，并使它们同意让渡股权？

审视现有的模式

本书发掘并提供了一些优秀的模式。但这远远不够，你应该清楚了解有哪些其他模式？其中成功和失败的模式分别有哪些？以及造成这种结果的原因是什么？无论是企业还是加速器，都不能不了解竞争形势和竞争对手。

以客户为导向

尽管我们承认，项目运营方非常聪明而且知识渊博，但他们毕竟不是入驻企业的目标客户。所以请与真正的目标客户交流，并回答以下问题：他们的需求是什么？他们愿意为什么付费？他们有哪些可能自己都不知道的需求？围绕上述问题的答案，调整项目 / 行业 / 企业重点。而更重要的是，邀请目标客户加入项目——不管是提供赞助，制定评估标准，还是参与尽职调查，让他们真正参与项目流程。请记住，项目运营方需要和入驻企业一起，使产品 / 初创企业符合市场 / 客户的需求。

从创业团队的角度厘清自己的优势/劣势

加速器运营团队有什么优势，如特殊的能力和人脉？相应的，团队劣势有哪些？使用“加速器生成器”剖析项目，找到上述问题的答案。在此基础上，加速其运营团队需要发扬长处，并与合作伙伴和团队成员一起弥补短处。

选出优秀的企业

虽然其重要性不言而喻，但仍值得再次加以阐述。成功企业能吸引更多创业者申请入驻项目，随之而来的将是更多的资助者、投资者和导师。而若想拥有优秀的初创企业入驻，加速器项目方需要出色的外联和审慎的尽职调查。

愿意承担风险

和初创企业一样，加速器项目也应该愿意在合理的情况下做出新的尝试。接受（甚至鼓励）创始人们真诚地分享自己所遇到的困境。不要让他们维持虚假的繁荣——只有当所有人都愿意承认自己并非万能时，才能真正走上通往成功的道路。

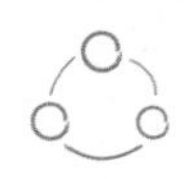

建立出色的合作伙伴关系网

思考入驻企业需要与谁合作，找到它们并说服它们加入。加速器项目需要系统的考虑发展局势，以便帮助毕业企业制定下一步的规划；若反之，那么最终将伤害项目自身的发展。

制定应急措施

切实考虑加速器项目成本，做好一切准备以应对突发事件。

地理位置很重要

如果加速器项目所处的地方创业生态系统尚不完善，那么项目方需要想方设法利用所具备的优势克服这一困难，将劣势转化为优势。

加速器生成器

现在，让我们亲自动手，利用“加速器生成器”设计一个项目。即使你已经拥有了一个加速器项目，也可以试着用全新的视角来看待事物，并填写下表。请仔细回想刚才分析的具体步骤，并思考是否能将之运用至你的项目，并发挥一定的作用。

加速器生成器

1. 渠道 / 外联	2. 尽职调查	3. 加速器项目	4. 后项目阶段
如何找到合适的初创企业	如何审查和筛选初创企业	如何运作加速器项目	加速器项目结束后会发生什么？

管理，领导力，关键业绩指标：如何决策？如何判断加速器项目是否成功？

商业模式：加速器项目如何支付成本？

生态系统建设 / 利益相关者：加速器如何发展自己的从业领域？

来自：《加速！清洁能源技术的超有趣指南！》

如果要重新创建一个加速器项目，你对此有什么建议?

“若想加速器项目运转良好，你需要以下几个要素：

首先，人才。他们需要具备运营加速器项目、筛选初创企业和提供顾问服务的经验。理想情况下，运营加速器项目者也曾经创业并且企业被成功收购等。

其次，你需要思考如何建立创始人和投资人社群，比如是否可以通过中间联络人？以 Y Combinator 为例，第一批申请入驻的创业者很多都是保罗·格拉哈姆(Paul Graham)的书迷。如何为建立投资者社群？同样以 Y Combinator 为例，天使投资人是 Y Combinator 生态系统的重要组成部分，他们为绝大部分入驻企业提供了大部分种子轮投资。起初，只有保罗和杰西卡代表 Y Combinator，努力说服当地风投公司和天使投资前来参加路演日活动，但出席者寥寥无几。而随着时间过去，有越来越多的人愿意参加项目的活动。”

凯特 • 马纳拉克（KAT MANALAC）

合伙人 @Y Combinator

第1步

使命

加速器要做什么？

第2步

专攻领域

它是否有专攻领域？

第3步

融资模式

它如何融资？它会向初创企业提供何种资助？

第4步

吸引企业入驻

如何吸引初创企业入驻？

第5步

筛选申请企业

如何管理筛选流程？

第6步

项目支持

向初创企业提供什么支持？

第7步

关系网

将初创企业纳入什么关系网？

第8步

结业企业服务和后项目阶段支持

在加速器项目结束后，还会为初创企业提供什么支持？

第9步

绩效测评

如何追踪加速器项目影响？

资料来源：《初创企业加速器项目：实践指导》，内斯塔（NESTA）（2014），15。

加速器项目一览

福利时间到！

本章会简略介绍书中曾出现的部分加速器项目，帮助你了解它们的基本信息。值得注意的是，从各项目官网总结出这些细节耗费了大量的时间。试想如果创业者需要同时比较 15 家项目——那真是一项浩大的工程！但假设所有项目的官网都能统一格式，或用其他方便人们查看的方式提供这些信息，是否将大大提升效率呢？

加速器项目一览

项目名称成立时间	
项目时长及地理位置——是否需要搬迁?	
现金换股权模式	
是否专注于某一行业 / 领域?	
初创企业发展阶段 / 资格要求(初创企业是否需已拥有产品原型，是否需要位于 A 轮融资阶段)	
成功案例 / 初创企业	主要合作伙伴 / 人脉网 / 特点

FREE ELECTRONS

项目简介

Free Electrons 是一家面向全球，以电力公用事业公司为支撑的加速器。每年 4 ～ 10 月，它会在柏林、悉尼、墨尔本和硅谷开启数个为期一周的“面对面交流”。第一周，加速器项目将邀请 30 支创业团队前往里斯本。但首次路演日结束后，其中 15 支团队将被淘汰。项目由三大模块组成：了解公用事业公司、深入了解初创企业技术、规模化发展讨论。加速器项目最重要的部分是路演日活动。届时，入选企业将向投资者和全球公用事业公司展示创新成果。Free Electrons 的合作伙伴包括十大全球公用事业公司巨头——对清洁技术和 / 或能源领域的初创企业而言，这一点尤其具有吸引力。

前提条件

无

投资

“Free Electrons 全球最佳能源初创企业”称号获得者将荣获由 Free Electrons 提供的 20 万美元非稀释资本；加速器项目还会为所有初创企业支付由参与项目产生的费用

聚焦行业

移动出行，清洁智慧能源，数字化

发展阶段

初创企业已准备好通过与公用事业公司合作进行规模化发展

主要合作伙伴 / 特点

全球十大电力公用事业公司，包括新加坡能源集团（Singapore Power Group），东京电力公司（TEPCO），Innogy（德国），爱尔兰电力公司（ESB），葡萄牙电力公司（EDP），Origin Energy，（澳大利亚），AusNet Services（澳大利亚），迪拜电力和水务局（DEWA，迪拜），中华电力有限公司（CLP，香港）和美国电力公司（American Electric Power）

官网

freetheelectron.com

ELEMENTAL EXCELERATOR

项目简介

Elemental Excelerator 加速器项目时长一年，项目地点设在硅谷和夏威夷；全年还会在两地安排数次为期一周的工作会。每批次会筛选出 15 ～ 20 家企业入驻，进入“三轨项目”：入市轨道（Go-to-market Track），展示轨道（Demonstration Track）和股本与准入轨道（Equity & Access Track）。项目启动周活动将在檀香山举行，随后将在此召开“首席执行官及领导人峰会”（CEO & Leadership Summit）。加速器项目将为入驻企业提供导师服务和持续的支持，协助企业与项目生态系统中的其他利益相关者建立联系。

前提要求

至少具备两个全职就业岗位（FTE）和一个产品原型

投资

入市轨道：75 000 美元；展示轨道：最高 100 万美元；股本与准入轨道：最高 75 万美元。但项目会收取一定费用：入市轨道：3000 美元；展示轨道：5000 美元；股本与准入轨道：3000 美元

聚焦行业

移动出行，水务，食品与农业，能源，网络安全，金融技术，燃料，物联网，材料与塑料，自然资源管理，回收及废物管理，人工智能

发展阶段

入市轨道：种子轮至 A 轮；展示轨道：种子轮至 C 轮；股本与准入轨道：种子轮至 A 轮

主要合作伙伴/ 特点

美国国防部（US Department of Defense），美国海军研究实验室（Office of Naval Research），夏威夷州能源办公室（Hawaii State Energy Office），夏威夷电力实业公司（Hawaiian Electric Industries），Vector（新西兰），东京电力公司（TEPCO），菲律宾第一控股公司（First Philippine Holdings Corporation），SK 燃气（SK Gas，韩国）和通用电气创投（GE Ventures）

官网

elementalexcelerator.com

Y COMBINATOR

项目简介

Y Combinator 地处硅谷，项目周期为三个月，在全球享有极高的知名度。你不必将办公场所搬迁至项目所在地（虽然大多数人会选择这么做），但这三个月内的大部分时间，你还是需要在项目现场参与其组织的各项活动。项目每批次会招募至少 85 家企业入驻，以 25 家企业为一组，分成若干组，由两家曾参加过项目的企业分别带领。加速器项目的重点在创造产品，即“制造消费者真正需要的产品”。它不会为初创企业提供办公空间，取而代之的是每周联合办公时间。另外，初创企业还能参加热门的项目，该项目会举办著名的每周晚宴（为期半天，包括嘉宾致辞）。在项目结束时，Y Combinator 将举办邀请制路演日活动。在此期间，初创企业会将创新成果展示给潜在的投资者。借助路演日活动和其他活动，以及强大的结业企业网络和丰富的后项目资源，Y Combinator 得以在方方面面为入驻企业提供帮助。知名毕业企业包括爱彼迎（Airbnb）和多宝箱（Dropbox）。

前提要求

通常而言只需要一个可行的创意

投资

项目为企业提供 12 万美元投资，但后者需让渡 7% 的股份

聚焦行业

极具颠覆性的初创企业现已创建了许多新的行业

发展阶段

最好位于 A 轮融资前某一发展阶段

主要合作伙伴/ 特点

Y Combinator 拥有强大的毕业企业网络，包括许多知名企业，如爱彼迎（Airbnb），多宝箱（Dropbox）和 Twitch 等

官网

Ycombinator.com

TECHSTARS

项目简介

Techstars 项目周期为三个月，由导师制度驱动，影响力覆盖全球。从澳大利亚阿德莱德到美国奥斯汀，Techstars 旗下近 40 个加速器分布世界各地。另外，它还拥有在线项目。每批次项目会招募约 10 家初创企业。Techstars 会提供办公空间;项目流程分为三个阶段：寻找导师，执行和融资。项目最重要的部分是路演日活动。项目结束后，Techstars 会将初创企业纳入拥有数千家毕业企业和其他企业的关系网。Techstars 还是业界唯一一家提供“股权返还保证”的项目。知名毕业企业包括 ClassPass 和 Sphero。

前提要求

几乎没有。不管是只拥有“不成熟想法和梦想”的初创企业，还是已经募集了百万资金的初创企业，加速器项目都鼓励它们申请入驻

投资

加速器项目为初创企业投资 12 万美元，但要求后者让渡 6% 的股权

聚焦行业

涉猎广泛，但以技术行业为主。其官网声明：“我们暂不资助以下初创企业：生物技术公司，餐厅，咨询公司或其他本地服务型公司”

发展阶段

处于任何发展阶段的初创企业都可申请入驻

主要合作伙伴/ 特点

由于 Techstars 本身即是由大型企业赞助的加速器，因此合作伙伴数不胜数，官网上列明的有 72 家

官网

techstars.com

ROCKSTART

项目简介

Rockstart 总部位于荷兰（其中一个项目位于哥伦比亚），旗下有四个不同的加速器：智慧能源（Smart Energy）、网络与移动（Web & Mobile）、数字健康（Digital Health）和 AI。加速器项目周期在 150 ～ 180 天之间，主要任务是推动初创企业进入全球市场。入驻企业将获得专属办公空间。项目还会安排导师和投资人传授专业知识，提供各种类型的工作坊供入驻企业参与学习。项目最重要的部分是路演日活动。若欧盟和哥伦比亚以外其他国家的投资人或其他相关人士希望参加活动，Rockstart 可以帮助处理签证事宜。投资方式多变；但可为入驻企业提供接触其他投资者的机会。另外，Rockstart 所在的地理位置极佳——入驻企业的另一优势。知名毕业企业包括 3D Hubs 和 Peerby。

前提要求

必须至少拥有一个最具价值的产品

发展阶段

At least MVP with some customer traction

至少产品已引起部分客户关注

投资

取决于加速器项目实际情况。但通常情况下，项目会为入驻企业提供约 2 万欧元现金，价值 8 万欧元的实物资助和办公空间，但企业需让渡 8% 的股权

主要合作伙伴/ 特点

荷兰合作银行（Rabobank），壳牌公司（Shell），埃森哲咨询公司（Accenture）及其他。详情请访问 www.rockstart.com/rockstart/partners/

聚焦行业

智慧能源（Smart Energy）、网络与移动（Web & Mobile）、数字健康（Digital Health）和人工智能（Artificial Intelligence）

官网

rockstart.com

500 STARTUPS

项目简介

500 Startups 有别于其他加速器项目的地方在于：它致力于实现多样性（核心价值观之一）。因此，其会从世界各地选取多种多样的创业团队入驻。种子项目（Seed Program）是一个为期四个月的加速器，主要招募处于 A 轮融资之前任一发展阶段的初创企业（但它们需要具备一定的客户牵引力）。A 轮项目（Series A Program）则主要招募即将进行 A 轮融资的企业。500 Startups 会为入驻企业提供（共享）办公空间，导师和顾问服务。加速器项目最重要的部分是“众星云集”的路演日活动。500 Startups 社群兼具实力与多样性，其所拥有的创始人和初创企业遍居世界各地。入驻企业需让渡 6% 的股权，以获得 15 万美元投资；另外，入驻企业还需向 500 Startups 支付 37 500 美元项目费。知名毕业企业包括 Credit Karma、Hinge、Zesty 和 Talkdesk。

前提要求

大多数入驻企业需要具备一个最具价值的产品，以及稳定的月度营收

投资

加速器项目向入驻企业提供 15 万美元（扣除 37 500 美元项目费后，企业实得 112 500 美元）投资，但企业需要让渡 6% 的股权。500 Startups 有权为企业提供后续投资：50 万美元或下一轮 100 万美元（或更高金额）融资的 20%（按金额较少者）。但此项权利在可转换证券完成转换后失效。关于这点，请访问网站 500. co/kiss，查阅其开源 KISS（“Keep It Simple Security”）投资文件——非常有用。

聚焦行业

加速器项目涉及许多行业; 其中为金融科技，数字健康，时尚美妆和大数据等行业设有专门发展轨道

发展阶段

种子轮或 A 轮

主要合作伙伴/ 特点

微软（Microsoft），IBM

官网

500.co

棒极了！

“欢迎来到本次旅程的终点。当然，这或许也是下一段旅程的起点。现在应该算是加速器的黄金时代：在世界各地，各行各业涌现出了越来越多的加速器——这是好事。我们希望本书能使新的和已有的加速器变得更具效力和效率，对自己提供的服务更有信心。

如果你喜欢本书，并希望能参与其中，请参考如下建议：

1. 这是《加速！清洁能源技术的超有趣指南！》系列的第一卷。为完成后续作品，我们需要你的反馈，并希望你能提供实际案例。请将相关示例发送至我们的脸书账号或电子邮箱：hello@energynexus.co。
2. 加入 New Energy Nexus 的《加速！清洁能源技术的超有趣指南！》脸书群聊小组，与世界各地的同行一起交流。
3. 访问 New Energy Nexus 官网（*www.newenergynexus.com*），关注我们以获取时事通讯，了解全球能源初创企业项目近况。
4. 想与瑞恩和《加速！清洁能源技术的超有趣指南！》背后的 New Energy Nexus 团队合作吗？我们会根据你的实际情况——不管是智能能源黑客马拉松，还是全球加速器项目或种子轮融资——帮助你设计、开发最先进的初创企业项目。请立即联系我们吧！（电子邮箱：*hello@energynexus.co*）”

亨德里克·提辛嘉（HENDRIK TIESINGA）

联合创始人及项目总监 @New Energy Nexus